Talent Management

Strategien für Mitarbeiter, Manager und Organisationen

von

Diplom-Psychologe
Rolf Rüttinger
München

Mit 4 Abbildungen

Verlag Recht und Wirtschaft GmbH
Frankfurt am Main

Bibliografische Information Der Deutschen Bibliothek

Die Deutsche Bibliothek verzeichnet diese Publikation in der Deutschen Nationalbibliografie; detaillierte bibliografische Daten sind im Internet über http://dnb.ddb.de abrufbar.

ISBN 3-8005-7324-5

Druckvorstufe: H&S Team für Fotosatz GmbH, 68775 Ketsch

Druck und Verarbeitung: Wilhelm & Adam, Werbe- und Verlagsdruck GmbH, 63150 Heusenstamm

Umschlagentwurf: Rainer Schmitt, 68199 Mannheim

♾ Gedruckt auf säurefreiem, alterungsbeständigem Papier, hergestellt aus chlorfrei gebleichtem Zellstoff (TCF-Norm)

Printed in Germany

Eigentlich gibt es keinen vernünftigen Grund,
sich nicht zu entwickeln.

Warum soll man einem Huhn beibringen,
auf Bäume zu klettern,
wenn man ein Eichhörnchen haben kann?

Vorwort

Es wäre ein Leichtes gewesen, zum Thema „Talent Management“ etwas zu schreiben, das schon ob seines Umfangs einigermaßen bedeutend erschienen wäre.

Doch dieser Ehrgeiz in Richtung einer wirklich umfassenden und damit erschöpfenden Darstellung bestand nicht. Über die Klärung einiger Begriffe hinaus ist es das Ziel dieses Heftes, Möglichkeiten aufzuzeigen, wie Talent Management strategisch und operativ eingesetzt wird. Da in diesem Prozess den Linienvorgesetzten eine entscheidende Bedeutung zukommt, wird ein reiches Instrumentarium angeboten, wie Talente vor Ort identifiziert und engagiert werden können.

Nachdem in anderen Industrieländern wie den USA und Großbritannien Talent Management längst zum betrieblichen Alltag gehört, trägt dieses Heft vielleicht auch dazu bei, Talent, und nicht nur Kompetenzen, hierzulande zu erkennen und in Leistung umzusetzen.

Pullach im Isartal, Januar 2006

Rolf Rüttinger

e-mail: ruettinger-consultants@t-online.de

www.ruettinger-consultants.de

Inhaltsverzeichnis

1. Talent als Mythos

Der Pianist Frantisek Maria Hrdla wird uns wohl allen immer in Erinnerung bleiben. Ein Titan am Flügel, in den Konzertsälen der Welt zu Hause, wird niemand sein mitreißendes Temperament, seine Virtuosität und seinen ungeheuren Ausdruck jemals vergessen können, selbst wenn er das möchte. Kritiker schwärmten: „Schließt man die Augen, so vermeint man Liszt zu lauschen."

Hrdla, in ein musisches Haus geboren, Vater Musikpädagoge und die Mutter Harfenistin, wurde kaum den Windeln entwachsen, auf den Klavierschemel gesetzt. Mit vier Jahren hatte er den „Fröhlichen Landmann" bereits hinter sich. Sein Weg als Wunderkind war damit vorgezeichnet.

Der Zufall wollte es, dass er als Heranwachsender mit einem Versicherungsagenten zusammentraf, der in ihm ein tiefes Interesse am Versicherungswesen zu wecken verstand. Geradezu magisch angezogen wurde er durch das „Schreiben von Produktion", wie der Verkauf von Policen intern auch gern genannt wird.

Dem gestrengen Vater war das nicht recht. Er untersagte den weiteren Umgang mit Vertretern der Assekuranz. Aber Klein-Frantisek ließ sich nur bedingt aufhalten. Wohl zu den glücklichsten Phasen seinen Lebens zählte die Zeit, als er nachts unter der Bettdecke Baumgartners „Gerichtspraxis in Versicherungssachen" verschlang.

Als reifer Solist, von Triumph zu Triumph eilend, kam es nicht selten vor, dass Besucher seine Künstlergarderobe wieder verließen, versehen mit einer Unfallversicherung oder doch wenigstens mit einer Versicherung gegen Hagel. In diesen glücklichen Momenten hatte sein Gesicht einen Ausdruck, der nur als Grinsen gedeutet werden kann.

Wer noch nie etwas von Hrdla gehört hat, braucht sich deswegen keine Sorgen zu machen. Hrdla ist Protagonist einer erfundenen „lieblosen Legende" von Wolfgang Hildesheimer.

Warum ist diese Geschichte über eine Koryphae des Musiklebens, die eigentlich Versicherungsvertreter werden möchte, es aber nicht darf, so schön schräg?

Sie ironisiert einigermaßen feinsinnig weit verbreitete, völlig überzogene, irreale und verkitschte Annahmen darüber, was als Talent gelten darf: Weltweit absolut einmalig, von niemandem je erreicht, völlig unerklärlich und damit eine Gabe der Götter, möglichst früh vollendet, was, um das

Maß voll zu machen, dann auch noch für gewöhnlich einen vorzeitigen Tod nach sich zieht.

Die Folgen eines idealistisch überhöhten Talentbegriffs sind persönlich und auch wirtschaftlich dramatisch:

- Talente bleiben mangels Gelegenheit und aufgrund schematischer Ausbildungs- und Qualifizierungsschienen verschüttet und werden nie entdeckt.
- Nach dem Motto „Eigenlob stinkt" nehmen Betroffene selbst ihre Talente nicht wahr und ernst.
- In einer Gesellschaft, die in vielen Bereichen von einer „Diktatur der Mittelmäßigkeit" beherrscht wird, ist man auf herausragende Talente nicht eingerichtet. Wie internationale Vergleiche zeigen, geht diese Tendenz auch an deutschen Betrieben nicht spurlos vorbei. In den USA ist die Bereitschaft des Top-Managements, sich für die Erkennung und Entwicklung von Talenten aktiv zu engagieren, fast doppelt so hoch wie auf deutschen Vorstandsetagen.
- Gemeinhin werden Kindern und jungen Menschen Talente zugebilligt. Ältere haben keine Talente mehr zu haben. Die demographische Entwicklung wird zeigen, wie lange man sich diese Verschwendung und Überheblichkeit noch leisten kann.

2. Talent Management

Talent Management ist im Kommen. Alter Wein in neuen Schläuchen oder etwas substanziell Anderes und Neues? Es gibt die ersten Unternehmen, die die Schilder „Personalentwicklung“ oder „HRD Human Resources Development“ aus der Auslage genommen und durch „Talent Management“ ersetzt haben. An dem Programm, das seit 10 bis 15 Jahren gefahren wird, ändert sich nur wegen eines neuen Etiketts natürlich nichts.

Talent Management wird weltweit durch das Phänomen getrieben, dass der Erfolgsdruck auf Mitarbeiter, Manager und Organisationen beständig wächst. Hauptkriterium dabei ist die Frage, inwieweit es gelingt, Strategien nicht nur zu entwickeln und zu formulieren, sondern sie tatsächlich umzusetzen. Fehlende Realisierung ist längst zum eigentlichen Hauptgrund dafür geworden, sich von Führungskräften zu trennen.

Obwohl nicht neu, setzt sich allmählich wieder die Erkenntnis durch, dass sich Großartiges und nicht nur Gutes oder Durchschnittliches nur mit talentierten Leuten schaffen lässt. Natürlich sind diese Mitmenschen, ob Spezialist oder Manager, kompetent. Aber etwas spitzfindig argumentiert, sind Kompetenzen nur Fähigkeiten, ähnlich einem Menschen, der einen sagenhaften Intelligenz-Quotienten von 156 hat, aber als Sozialfall endet. Aber er ist nach wie vor weit überdurchschnittlich intelligent.

Ob Kompetenzen bei einer konkreten Aufgabenstellung ein- und umgesetzt werden, ist nicht unbedingt sicher. Was fehlt, ist das nötige Quäntchen Feuer im Bauch, Lust, Enthusiasmus und Engagement, was auch gern als intrinsische Motivation bezeichnet wird, die nicht von außen, und seien es noch so ausgeklügelte Anreizsysteme, aktiviert werden kann. Andererseits wird sehr viel unternommen, dass die Kombination aus Wissen und Engagement nie zum Tragen kommt.

Dieses neue Denken lässt sich, stark verkürzt, auf die einfache Formel

Strategie + Talent Management → Umsetzung

bringen. Welche Talente treiben die Umsetzung, sind sie im Haus tatsächlich identifiziert, was wird für sie getan, arbeiten sie an den richtigen Stellen oder verkümmern sie?

Strategisch und operativ setzt dieser Ansatz eine enge, konsequente und weitgehend widerspruchsfreie Verzahnung von Business und Talent Strategie voraus. Wie zu zeigen sein wird, geht dies über die traditionelle Ausrichtung, das überkommene Selbstverständnis von HR (Human Resources) weit hinaus. Es wird eine neue Qualität entstehen.

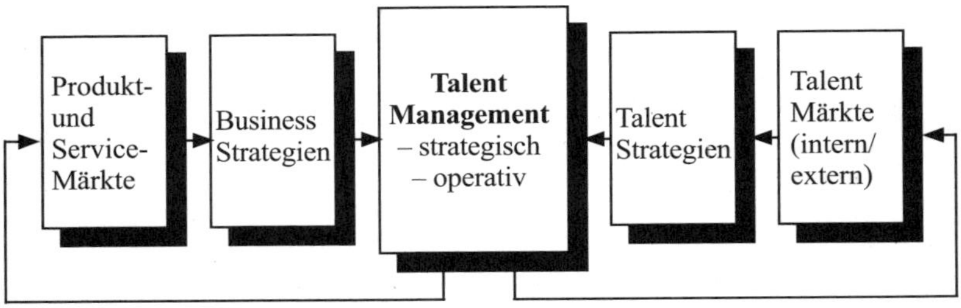

Abb. 1: Märkte und Strategien

Ob sich ein Unternehmen dem Thema Talent Management von der Produkt- und Dienstleistungsseite oder von den Talent-Märkten her nähert, ist theoretisch zumindest gleichgültig. Denn beides kann zum Ziel führen, für beides gibt es Beispiele: BMW mit dem Motto „Wir machen das, was wir am besten können", die Deutsche Bank mit ihrer „Leistung aus Leidenschaft" oder „O_2 – can do" kommen aus der Richtung Talent, während sich British Petroleum „Beyond petroleum" oder der Flughafen München „Wir bieten mehr als Hin und Her" über Produkte und Service definieren.

Entscheidend ist das Zusammenspiel von Business und Talent Strategie, also das eigentliche Talent Management.

Business Strategie

Talent Strategie

- Eine nachhaltige Business Strategie ist weitgehend unbekannt.
- Taktische Schnellschüsse und Aktionismus aufgrund von Vermutungen.
- Basis für Talent Strategie fehlt.
- Kurzatmige Maßnahmen mit dem Fokus:
  - Wie machen wir etwas?
  - Wie kommt etwas an, z.B. ein Seminar?

Business Strategie

Talent Strategie

- Es gibt eine Business Strategie.
- Kommt bei HR nicht an. Oder:
- HR ist von der Formulierung der Business Strategie ausgeschlossen.
- Folgen:
  - HR ist nach wie vor eine Service-Einheit
  - Maßnahmen dominieren, die
  - „nicht schaden" bzw. „nicht falsch" sind,
  - „modern" sind,
  - „irgendwie" in die Landschaft passen.

Business Strategie

Talent Strategie

- Business und Talent Strategie sind aufeinander abgestimmt.
- Beide Strategien verstärken sich gegenseitig:
  - Die Talent Strategie trägt wesentlich dazu bei, die Business Strategie umzusetzen.
  - Die Business Strategie fördert Engagement und betont den Erwerb von Wissen.

Abb. 2: Talent Management Szenarien

Ob die Integration von Business und Talent Strategie klappt, lässt sich anhand einiger Ziele überprüfen:

- **Talent Management** stellt die Verbindung her zwischen dem Wert, den Produkte und Dienstleistungen für Kunden haben, und dem, was talentierte Leute tun, um diesen Wert zu entwickeln und zu verbessern.
- **Talent Mangement** sichert ab, dass zur richtigen Zeit die richtigen Leute in entsprechender Anzahl zu den richtigen Bedingungen zur Verfügung stehen (talent flow).
- **Talent Management** bedeutet, statt Leute nur einzustellen, dafür zu sorgen, dass Talente im Unternehmen sich aktiv engagieren können, um das Erreichen strategischer Zielsetzungen zu unterstützen (talent engagement).
- **Talent Management** integriert Business und Talent Strategien in einem Unternehmen.

Im Sinne einer Vision führt Talent Management dazu, dass sich einiges ändert:

- Talent Management ist ein unternehmensweiter Ansatz, u.a. eine Denkrichtung.
- Talent Management ist eine unternehmerische Disziplin und keine Funktion.
- Talent ist mehr als die Summe der Fähigkeiten und Skills aller Mitarbeiter.
- Durch das Umsetzen von Talenten in Leistung und Erfolg entsteht eine neue Qualität im Unternehmen, nämlich Engagement.

2.1 Talent Strategie

Wie kann eine Talent Strategie aussehen, die auf der Basis der Business Strategie entwickelt wird? Welche Schritte umfasst sie?

Talente ansprechen und anziehen:	- Hat das Unternehmen einen klaren Marktauftritt (employer brand) als Arbeitgeber? - Ist es für die strategisch richtigen Leute attraktiv? - Sind zukünftig wichtige Kompetenzen, Skills und Einstellungen (attitudes) klar?
Talente identifizieren:	- Ist klar definiert, was im Unternehmen als Talent gilt? - Sind die Prozesse entwickelt, um Talente, speziell „ungeschliffene Diamanten“, frühzeitig zu identifizieren?
Talente entwickeln:	- Sind die Jobs mit Wachstumspotenzial (stretch-Aufgaben) für Talente identifiziert? - Sind die individuellen und kollektiven Bedürfnisse der Prozessteilnehmer wirklich verstanden? - Wird gewusst, wo investiert werden sollte? - Ist das Vorgehen für alle Beteiligten offen und klar?
Talente umsetzen:	- Was steht an Ressourcen zur Verfügung, welche Maßnahmen sind eingeleitet? - Gibt es eine flexible Nachfolgeplanung? - Gibt es Prozesse, um Talente proaktiv in Leistung umzusetzen? - Ist sichergestellt, dass die Talent-Umsetzung z.B. im Rahmen „mission-critical-jobs“ mit der Business Strategie verknüpft ist?

Talente engagieren:	-	Ist klar, was Talente, evtl. im Gegensatz zu überholten Annahmen, tatsächlich engagiert und an das Unternehmen bindet?
	-	Wird ständig überprüft, ob Maßnahmen greifen und noch aktuell sind?
	-	Ist das Talent Engagement mit Performance-Management-Prozessen (u.a. leistungsabhängige Einkommensanteile) verknüpft?

2.2 Begriffsklärungen

- **Begriff „Talent"**

Ursprünglich eine altgriechische **Gewichtseinheit**, später dann eine **Geldeinheit**, ist Talent heute ein anderer Begriff für **Begabung**, die, wenn sie in Leistung umgesetzt ist, bedeutet, dass jemand etwas **besonders gut** kann.

Talent Management geht davon aus, dass **Menschen nicht nur über Ressourcen verfügen**, die **das Humankapital bilden**, sondern talentiert sind, d.h. sie machen nicht nur etwas, was sie gut können, sie machen es auch noch **gern**.

- **Definition Talent**

Nach dem Motto „Wir erkennen ein Talent in dem Augenblick, in dem wir es sehen", könnte natürlich auf eine Definition verzichtet werden. Derartige intuitive Eingebungen müssen nicht falsch sein, können aber nicht zur Grundlage eines doch einigermaßen komplexen Talent Management gemacht werden.

Eine allgemein und überall gültige Definition des Begriffes „Talent" gibt es nicht. Unterschiedliche Unternehmen definieren Talent unterschiedlich. Für ein Start-Up mit den Schwerpunkten Forschung und Entwicklung bedeutet Talent wahrscheinlich etwas anderes als für eine Handelskette.

Trotzdem seien nachfolgend einige Alternativen angeboten:

Talent → Track record	Was definiert ein Unternehmen als gute Entwicklung eines Mitarbeiters? Müssen dabei Leistungsziele erreicht oder überschritten werden? In welcher Zeitspanne sollte das passieren?
+	
Verhalten	In vielen Fällen werden Unternehmen Leadership-Talente suchen. Inwieweit soll ein Mitarbeiter durch sein Verhalten erkennen lassen, dass er andere zu Führungskräften entwickeln kann, um einen sich-selbstwiederholenden Prozess zu starten?
+	
Engagement	Engagement, d.h. u.a. Einsatzbereitschaft, ist integraler, unverzichtbarer Bestandteil jeder Talent-Definition. Ein Unternehmen muss klarmachen, wo Engagement dringend gebraucht wird. Liegt der Nachdruck z.B. auf global einsetzbaren Managern, wird sich die Talent Strategie auf Kandidaten konzentrieren, die mobil sind und einen globalen Ehrgeiz entwickeln.
+	
Stretch	Wie weit lässt sich das Potenzial eines Mitarbeiters dehnen? Inwieweit ist er, langfristig gesehen, „boardroom material"? Um dies zu beurteilen, wird ein Kriterium herangezogen, das als „learning agility" bezeichnet wird. Wie schnell, breit, tief und unangestrengt lernt jemand?

Aus der bereits erfolgten Begriffserklärung lässt sich unschwer eine weitere und leichtere Definition entwickeln:

Talent → Wissen + Engagement

Mit dieser Definition werden nicht alle einverstanden sein. Es fehlt etwas, nämlich das idealistisch Überhöhte, das Einmalige. Es kommt der Verdacht auf, wir alle wären auf irgendeinem Gebiet talentiert. Und das ist natürlich Absicht. Wer sucht wirklich nach der berühmten Nadel im Heuhaufen, nach dem Diplom-Mineralogen, der begnadete Verkaufstrainings macht, nachdem er seine Karriere als Erster Geiger bei den Bamberger Symphonikern beendet hat, die er im zarten Alter von acht Jahren begonnen hatte?

2.3 Talent Management als Teil des Systems „Organisation"

Wie immer auch Talent Management im konkreten Fall aussehen wird, es findet nicht im luftleeren Raum statt. Es bedeutet einen Eingriff in Bestehendes, eigentlich ist es ein Fall von Change Management. Schon eine durchschnittliche Umsicht gebietet es, sich wichtige Systemkomponenten bzw. Einflussfaktoren und deren Vernetzungen näher anzusehen.

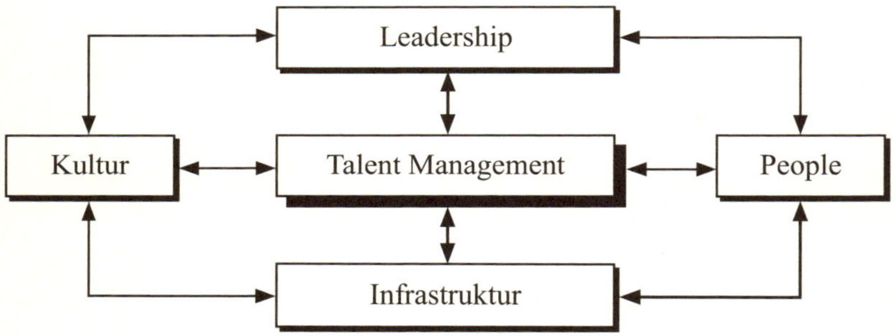

Abb. 3: Talent Management und das System „Organisation"

- **Leadership**

Leadership an der Spitze eines Unternehmens, die den damit verbundenen Ansprüchen gerecht wird, ist der effektivste und stärkste Hebel, um Veränderungen zu stemmen.

Bindet sich dieser Kreis nicht aktiv in das Projekt „Talent Management" ein, entsteht schlimmstenfalls der Eindruck, das Ganze sei eine neue Marotte der Personalabteilung. Sollte es darüber hinaus im Hause noch die Meinung geben, dass das, was von HR kommt, nicht viel bringe, kann man Anstrengungen in Richtung Talent Management vergessen.

Praktisch gesehen, stellen sich folgende Fragen:

- Wem „gehört“ der Prozess? Wer ist verantwortlich? Nicht selten „gehört“ der Prozess dem Top Management, und HR macht ihn möglich, indem Kompetenz und Werkzeuge zur Verfügung gestellt werden. Die Verantwortung wird geteilt.
- Ob gewollt oder nicht, das Top Management hat immer eine Rollenmodellfunktion. Eine der Möglichkeiten, dieser Rolle vorbildhaft gerecht zu werden, ist es, sich an der Identifikation und Entwicklung von Talenten aktiv und unmittelbar zu beteiligen. Über den sachlichen Beitrag des Vorstands hinaus wird damit ein starkes symbolisches Signal in das Unternehmen ausgesandt.

- **People**

Talent Management kostet die Zeit und Engergie aller Beteiligten. Dabei kann auf das Engagement der Linien-Vorgesetzten, schon aus praktischen Gründen, nicht verzichtet werden. Sie sind auch verantwortlich für den Erfolg des Projekts. Vorher sollten sich die Line-Manager und HR darüber geeinigt haben, dass Talent Management kein gut gemeintes Wellness-Programm, sondern ein wesentlicher Teil der Business-Strategie-Umsetzung ist.

- **Infrastruktur**

Gemeint ist damit die Ablauforganisation innerhalb von HR, also der Kontakt zur Personalentwicklung, zu Compensation usw. Weiterhin wichtig sind die Beziehungen zu Teilen der Organisation außerhalb von HR. Hier wird man sich einiges einfallen lassen müssen, um die Zusammenarbeit anzuschieben. Eine Infrastruktur auf Linie zu bringen, kostet Zeit und Geduld.

- **Kultur**

Die gelebte Kultur in einem Unternehmen liefert entscheidende Hinweise darüber, wie Talent Management eingeführt werden kann.

Der Umstand, dass der Köder dem Fisch schmecken muss und nicht dem Angler, kann bedeuten, dass eine ideen- und innovationsgetriebene Organisation dadurch gewonnen werden kann, indem Neuheit und Fortschrittlichkeit des Talent-Management-Ansatzes betont werden. In einer wettbewerbsorientierten Organisation, mit der Konkurrenz ständig vor Augen, macht es wahrscheinlich Sinn, darauf hinzuweisen, dass Talent

Management hilft, die Nase (weiterhin) vorne zu haben. In einer analytischen und risikovermeidenden Kultur kann darauf verwiesen werden, dass sich Talent Management woanders schon längst bewährt hat. Bezogen auf deutsche Unternehmen dürfte es im Augenblick schwer sein, diesen Beweis anzutreten. Aber das wird sich ändern. Im Übrigen kann man dann immer noch auf einige Global Players wie ABN Amro, Barclays, British Telecom, Electricité de France, Hewlett Packard, IBM, Johnson & Johnson, Kraft, Mars, Nokia, Sony und Unilever hinweisen.

2.4 Talent Management Drivers

- **Konsequenz aus der New Economy**

Während der IT-Blase kam es auf Teilen des Arbeitsmarktes zu deutlichen Überhitzungen. Der Bedarf überstieg das Angebot. Preistreibende „talent wars" brachen aus.

Das ist vorbei, zumindest vorerst.

Der Fokus hat sich geändert. Statt für evtl. viel Geld Talente auf dem Markt zu rekrutieren, besinnt man sich heute auf Talente, die schon da sind und im Haus arbeiten.

- **Globalisierung**

Noch heute kann man gelegentlich hören, die Mitarbeiter seien **unser wertvollstes** Kapital. Leider war das schon immer leicht gelogen, denn damit gemeint waren nicht alle, sondern nur die guten Mitarbeiter.

Nur gut zu sein, reicht heute schon lange nicht mehr. Seit Jahrzehnten wird die Kompetenz der Mitarbeiter gesteigert. Langfristig steuern wir auf eine Wissenswirtschaft zu, und fast jeder im Unternehmen verfügt über eine Kompetenz, sei es Fachkompetenz, Methodenkompetenz, Führungs- oder soziale Kompetenz.

Doch, nur kompetent zu sein, wird auf Dauer nicht genügen. Dieser Vorteil im globalen Wettbewerb schmilzt dahin, werden doch andere auch kompetent:

Beispiel China:

- China wird im Jahre 2005 einen Ausstoß von 3.3 Millionen College-Absolventen haben.
- Z.Zt. produziert China jährlich über 300.000 neue Diplom-Ingenieure; in Deutschland sind es 5.000.

- In 5 Jahren wird China mehr Akademiker promovieren als die USA.
- Der Umstand, dass in China noch von einem niedrigeren technologischen Niveau ausgegangen wird, ist kein Trost. Über Joint Ventures und Firmenaufkäufe im „Westen“ einschließlich eines entsprechenden Technologie-Transfers wird alles unternommen, die Lücken zu den traditionellen Industrienationen zu schließen.
- Einzig beim Schaffen und Etablieren globaler Marken sieht man noch keine Bedrohung.

Beispiel Indien:

- 2005 werden 3.1 Millionen College-Studenten, die alle Englisch sprechen, ihr Studium beenden.
- 200.000 Studenten der Informations- und Kommunikationswissenschaften erlangen 2005 ihr Diplom. In Deutschland arbeiten insgesamt nur 150.000 Leute in diesen Bereichen.

Darüber hinaus kann nicht übersehen werden, dass in beiden Ländern wachsende Teile der Bevölkerung von einer sozial aufwärtsorientierten Aufbruchstimmung erfasst sind. Oder wie kürzlich der indische Finanzminister die hiesige Situation charakterisierte: „Schlaft nur weiter“.

Die Zukunft gehört daher dem Mitarbeiter, der über Kompetenz hinaus aus einer kompetitiven Einstellung heraus engagiert ist. Das bedeutet:

- Die berühmte Extra-Meile, um Kunden nicht zu enttäuschen, wird tatsächlich gegangen.
- Kreative Ungeduld und Unruhe, „heute statt morgen“.
- Eine „Can-do“-Atmosphäre oder auf deutsch „Geht nicht gibt's nicht“.
- Aktive Unzufriedenheit mit Verschlafenheit, Missständen und fehlender Effektivität im Unternehmen.

Nun könnte man meinen, derartig reißerische Horror-Gemälde wie das soeben gemalte sind halt gerade modern. So schlimm wird es schon nicht kommen.

Aber der Tag rückt näher, an dem Mitarbeiter nicht mehr unser wertvollstes Kapital sind, sondern das **einzige**.

- **Neuausrichtung von Organisationen**

Talent Management wird aktuell, wenn

- die Business Strategie qualitativ von Führungskräften und Mitarbeitern nicht umgesetzt werden kann;
- das „Geschäft“ schneller wächst als der Pool talentierter Leute;
- für eine Neuausrichtung des Unternehmens Talente gebraucht werden,
  - die nicht mehr „motiviert“ werden müssen,
  - für die kein Change-Management-Projekt aufgelegt werden muss,
  - deren Widerstand gegen Veränderungen nicht erst überwunden werden muss.

- **Wissenswirtschaft, demographische Entwicklung und veränderter psychologischer Vertrag zwischen Mitarbeiter und Unternehmen**

Stichwortartig lässt sich die absehbare Entwicklung wie folgt charakterisieren:

- Mit weniger Mitarbeitern wird mehr Leistung erbracht. Talente dabei nicht zu aktivieren, ist Verschwendung.
- Der Anteil der Wissensarbeiter steigt.
- Wissensmitarbeiter sind mobil; sie tragen ihr Produktionsmittel zwischen den Ohren.
- Entlassungswellen, auch bei florierenden Unternehmen, haben das einstmals loyale Verhältnis zwischen Mitarbeitern und Arbeitgebern teilweise zerstört. Raffgierige Vorstände und Betriebsratsmitglieder beschädigen die Moral, d.h. die erlebte Bindung an einen Betrieb.
- Mitarbeiter definieren sich über ihr Können und nicht unbedingt über ein bestimmtes Unternehmen.
- Wissensarbeiter testen beständig den Markt.
- Auch in schlechten Zeiten besteht Appetit auf Talente.
- Es zeichnet sich bereits ab, dass in Zukunft die Sicherheit der Beschäftigung wichtiger sein wird als die Sicherheit des Arbeitsplatzes.
- Lebenslang für ein Unternehmen zu arbeiten, wird immer weniger attraktiv.

2.5 Neue Realitäten

Der Zusammenhang zwischen Talent, Markt und Business Strategie schafft einige neue Realitäten:

a) Talent ist Wissen

Ein Talent zu entwickeln, setzt immer Wissen und Know-How voraus. Ähnlich verhält es sich mit der Intelligenz. Ob es sich dabei immer nur um fachlich einschlägiges Wissen handeln muss, sei dahingestellt. So ist es wohl einigermaßen unwahrscheinlich, dass ein Neurophysiologe den deutschen Einzelhandel revolutionieren wird. Doch hohe fachliche Kompetenz allein mit allen antrainierten Denkfiltern kann auch bedeuten, dass der Wald vor lauter Bäumen nicht gesehen wird. So kann es einem Orga-Mann evtl. nicht schaden, wenn er Spaß an Systemtheorie und Kybernetik hat. Oder der Chef einer Werbeagentur weiß, wie laterales Denken funktioniert. Oder ein Konzernlenker, geübt im Kampf um Marktanteile, versteht etwas von Massenpsychologie. Einzigartige Ideen entstehen nicht selten dadurch, dass Denkmodelle, Prinzipien und Erfahrungen auf Gebieten kombiniert werden, die auf den ersten Blick nicht das Geringste miteinander zu tun haben.

Ein weiterer Aspekt ergibt sich aus der wachsenden Bedeutung von Wissen bei vielen Arbeiten. Wissensarbeiter und „technologists", die Wissen mit Handarbeit kombinieren, verfügen bei dem, was sie tun, über eine zunehmende Autonomie. Sie „besitzen" (ownership) komplette, evtl. umfangreiche Arbeitsprozesse. D.h., sie bestimmen selbst ihre Produktivität.

Im Zuge dieser Entwicklung treten Fragen wie

- **Was** machen wir genau?
- **Wie** machen wir es?

etwas stärker in den Hintergrund. Stattdessen

- **Warum** machen wir etwas? (Sinnfrage)
- **Wie** können wir das verbessern?

Mitarbeiter müssen daher die Business Strategie ihres Unternehmens kennen, wenn die „Wertschöpfung durch Menschen" bzw. das Talent Management funktionieren soll.

b) Talent ist Engagement

In wirtschaftlich schwierigen Zeiten ist es ein Fehler, die Angst um den Arbeitsplatz mit Engagement zu verwechseln. Angst ist häufig misserfolgsorientiert, d.h., Misserfolg soll vermieden werden. Engagement ist erfolgsorientiert. Psychologisch gesehen ist das etwas ganz anderes.

Engagement, d.h. Einsatzbereitschaft, ist der Auslöser, der „Schmierstoff", der Trigger, vorhandenes Wissen umzusetzen. Dabei enthält Engagement über die individuelle intrinsische Motivation hinaus nicht selten eine sportliche bzw. kompetitive Komponente: „Wir wollen es wissen!"

Engagement im Unternehmen, nicht nur bei Mitarbeitern, ist, wie man seit langem weiß, kein glücklicher, nicht weiter erklärbarer Zufall, sondern das Ergebnis zielgerichteter Strategien.

c) Kunden definieren den Wert eines Talents

Diese wiederum völlig unromantische, ausschließlich am Nutzen orientierte Sichtweise beruht auf der einfachen Erkenntnis, dass Unternehmen sich über den eigentlichen Kundennutzen, also nicht über Produkt oder Dienstleistung definieren sollten.

Ein schönes Beispiel dafür ist Starbucks: „Wir sind nicht im Kaffeegeschäft, sondern im People Business". Was heißt das? Starbucks-Filialen verstehen sich quasi als „Stätten der Begegnung", der Kunde trifft sich mit Freunden, hält ein Schwätzchen oder will sich auch einmal zurückziehen und nachdenken. Das Innendesign der Filiale lädt zum Verweilen ein, das Personal vermeidet Hektik.

Kundenerwartungen können auch zu einem bestimmten Talent-Mix führen, der absichert, dass

- der Nutzen von Produkten und Dienstleistungen aus der Sicht der Kunden wächst,
- neue Kunden gewonnen werden,
- neue Produkte und Dienstleistungen entwickelt werden, durch die vorhandene Kunden weiter zufrieden gestellt und neue Kunden gefunden werden.

d) Die Aufgaben von HR werden sich ändern

Für Engagement, d.h. auch Bindung der Mitarbeiter an ein Unternehmen (talent retention), und den richtigen Talent-Mix (talent flow) zu sorgen, wird für HR immer wichtiger.

Das kann nur gelingen, wenn HR in die Formulierung und Umsetzung der Business Strategie von Anfang an unmittelbar eingebunden ist. Die nicht seltene Losung „Wir machen die Geschäfte, und ihr kümmert euch ums Personal“ ist letztlich die Ursache für ein gewisses Schattendasein von HR in manchen Unternehmen. HR ist dort kein Business Partner. Umso mehr gilt es, den Beitrag von HR zur Verwirklichung von Business Strategien zu konkretisieren, herauszustellen und zu belegen.

Absehbare Entwicklungen zeigt folgende Matrix auf:

	Bisher	**In Zukunft**
Fokus:	Praktiken, Prozesse, Systeme und Administration (Betonung des **„Wie“**)	Ausrichtung auf Komponenten und Felder der Business Strategie, die den Wert treiben (Betonung des **„Was“** und **„Wo“**)
Aktivität:	Aktionen von HR unterliegen z.T. einem erheblichen Rechtfertigungszwang gegenüber dem Rest des Unternehmens	Entwickeln einer Talent Strategie, um das Business Modell zu realisieren
Ergebnisse:	Schwierigkeiten, den Wert von HR zu verkaufen; Gefahr des Outsourcing	Kennzahlen demonstrieren den Beitrag von HR an der Gesamtleistung des Unternehmens

3. Talent Identifikation vor Ort

Die Ausprägung von Kompetenzen, nicht Talenten, wird seit vielen Jahren mit Hilfe von Assessment Centers, Potenzial-Analysen und ähnlicher Audits überprüft. Basis dafür sind Anforderungskataloge. Wer diese Anforderungen nicht erfüllt, dafür aber andere, die nicht „im Buche stehen", fällt durch den Raster und hat leider Pech gehabt.

Ein weiteres potenzielles Problem bei diesen Veranstaltungen besteht darin, dass der direkte Vorgesetzte, der den Kandidaten evtl. am besten kennt, nicht eingebunden ist. Vielmehr zählt zu den eiseren Regeln eines Assessment Centers, dass sich unter den Beobachtern kein direkter Vorgesetzter eines Kandidaten befinden darf.

Die folgenden Gesprächsleitfäden und Instrumente sind daher voll auf Linienvorgesetzte ausgerichtet, um mit den eigenen Mitarbeitern in Sachen „Talent" ins Gespräch zu kommen.

3.1 Erkennen von Talenten

3.1.1 Unmittelbare Verhaltensbeobachtung

Hier einige Fragen, die sich die Führungskraft hinsichtlich eines Mitarbeiters stellen kann:

- Was kann der Mitarbeiter gut, wann erweist er sich phasenweise sogar als einzigartig?
- In welchen Situationen blüht er auf, bei welchen Gelegenheiten hängt er sich rein und sein Engagement ist unmittelbar spür- und erlebbar?
- Womit kämpft er, was liegt ihm nicht? Welche Situationen bringen den Mitarbeiter ins Schleudern bzw. entmutigen ihn?
- An welche Schwierigkeiten und Hindernisse geht er dagegen engagiert und proaktiv heran, getreu dem kernigen Motto „Probleme sind dazu da, um gelöst zu werden"?

3.1.2 Talent Interview

Dieses Gespräch mit dem Mitarbeiter zielt darauf ab, Talente besser zu erkennen und erste praktische Möglichkeiten auszuloten, um ein Talent in Leistung umzusetzen.

Ein Gesprächsleitfaden kann folgende Fragen umfassen:

Vergangenheit:

- Welche Träume und Ideen hatten Sie als Kind, was Sie beruflich einmal werden wollten?
- Worauf haben Sie sich bei Ihrer Ausbildung dann tatsächlich konzentriert?
- Was war der Grund für diese Ausrichtung? Wer oder was hat Sie beeinflusst? Was gab letzten Endes den Ausschlag?
- Wie sehen Sie Ihre damalige Entscheidung heute?
- Was haben Sie nach Ihrer Ausbildung gemacht?
- Welche persönlichen Erfahrungen machten Sie dabei?
- Inwieweit wurden Ihre Erwartungen und Vorstellungen im ersten Job erfüllt?
- Was haben Sie vermisst?
- Was war evtl. Ihre nächste größere berufliche Veränderung?
- Was führte dazu?
- Wie erging es Ihnen mit evtl. weiteren Stationen Ihrer beruflichen Laufbahn?

Heute:

- Worauf sind Sie heute persönlich und beruflich stolz?
- Welche Voraussetzungen bei einem Job müssen unabdingbar und jenseits aller Diskussion für Sie erfüllt sein, dass Sie sich wohl fühlen und auf Touren kommen?
- Was in Ihrem beruflichen Umfeld treibt Sie auf die Palme, gelegentlich sogar halb in den Wahnsinn?
- Was waren beruflich während der letzten drei Monate Ihre besten Tage? Was ist da passiert? Was haben Sie gemacht? Wer war an dieser Situation noch beteiligt?
- Kann es passieren, dass Sie sich stundenlang in etwas hineinknien, ohne dass Sie merken, wie die Zeit vergeht, und ohne dass das jemand von Ihnen verlangt hat?
- Womit beschäftigen Sie sich da, woran arbeiten Sie dann?

- Wenn Sie in sich hineinhorchen, was macht Ihnen wirklich Spaß, was erfüllt Sie mit Freude?
- Was würde Sie beruflich unglücklich machen, wäre für Sie ein „job from hell“?

Quintessenz:

- Was lernen Sie gerade über sich selbst? Ist da etwas Neues dabei?
- Was meinen Sie, welche Situationen, Herausforderungen und Aufgabenstellungen führen dazu, dass Sie zu Hochform auflaufen?
- Gibt es quasi dafür einen gemeinsamen Nenner, wie könnte Ihr Motto lauten?

Umsetzung:

- Inwieweit und wann kommt Ihr „Talent“ in Ihrem augenblicklichen Job zum Tragen?
- Wann laufen Sie eigentlich leer, wann machen Sie Dinge, die nicht Ihrer Kompetenz und Ihren Neigungen entsprechen?
- Was können Sie sich vorstellen, was sollte sich konkret bei Ihrem Job, in der Abteilung und im Unternehmen ändern, damit Sie effektiver und zufriedener arbeiten könnten?
- Was von dem, was Ihnen persönlich wichtig ist und was Sie gut draufhaben, könnten Sie dann ein- und umsetzen?

3.2 Instrumente

Um dem Mitarbeiter weiterhin die Möglichkeit zu geben, sich in Bezug auf sich selbst über einiges klarer zu werden, folgen zwei diagnostische Instrumente bzw. zwei Fragebogen. Um allen möglichen Peinlichkeiten auszuweichen und die Führungskraft nicht in die Rolle eines strengen Oberlehrers zu bringen, sind beide Instrumente so gestaltet, dass sie der Mitarbeiter **selbst** auswerten kann.

Noch zwei Vorbemerkungen:

- Bei der **BIA Business-Interessen-Analyse** handelt es sich nicht um einen verkappten Berufseignungs-Test. Indirekt geht es dabei zwar auch um Wissen bzw. Kompetenzen. Entscheidend sind aber die intrinsische Motivation, der persönliche Drive, mit denen jemand an eine Aufgabe herangeht.

- Auch die **MMA Management Mindset Analyse** ist kein Leistungstest für Führungskräfte. Es sollen damit tief sitzende Tendenzen, Glaubenssätze und Verhaltensmuster aufgespürt werden, die dann größtenteils verdeckt auftreten, wenn jemand führt.

3.2.1 BIA Business-Interessen-Analyse

Altbier-Unternehmer sattelt um auf Linienpilot und Flugbetriebsleiter, begabte Neurologin macht Kindergarten auf, Marketingmanager, seit Jahren in Computer vernarrt, geht endlich in IT-Bereich, Analystin im Consulting entdeckt per Zufall ihre Lust am Schreiben und ist ab da zuständig für die Reports in ihrem Hause.

Was ist passiert? Menschen finden ihre eigentliche berufliche Bestimmung. Ob bewusst oder unbewusst, ob einer plötzlichen Eingebung folgend oder als Ergebnis jahrelangen Grübelns werden die tiefer liegenden Interessen erspürt und erkannt. Nicht zu verwechseln sind diese Dimensionen mit Hobbies oder vorübergehenden Schwärmereien. Sie sind ein integraler Teil der Persönlichkeit, sie überdauern Jahrzehnte, sie begleiten uns ein Leben lang. Anhaltende Arbeitszufriedenheit und Selbstverwirklichung im Beruf sind die Folge umgesetzter Interessen.

In einem Job erfolgreich zu sein, genügt auf Dauer nicht. Eine exzellente Ausbildung und eine einigermaßen luxuriöse Intelligenz vorausgesetzt, dürfte es Vielen nicht schwerfallen, Überdurchschnittliches in unterschiedlichen beruflichen Rollen zu leisten. Leider ist dies noch keine zwangsläufige Gewähr dafür, sein „Ding" im Business gefunden zu haben.

Der inneren Stimme zu folgen, ist dabei nicht einfach. Denn berufliche Entscheidungen unterliegen häufig einem erheblichen und ausschließlichen Druck von außen. Am Start stehen z.B. Familientraditionen, unerfüllte Karrierevorstellungen der Eltern, Modeberufe und Notenkonstellationen im Zeugnis, die einen bestimmten Beruf, ein bestimmtes Studium nahe legen. An späteren beruflichen Wendemarken locken Macht, Status und Einkommen, kurz die Karriere. Aber auch nackte existenzielle Notwendigkeiten, die Erkenntnis, in einer beruflichen Sackgasse gelandet zu sein und die Angst, den Arbeitsplatz zu verlieren, schlagen auf Entscheidungen voll durch.

Die **BIA Business-Interessen-Analyse** basiert auf 8 tief verwurzelten vitalen beruflichen Interessen, die von den Harvard-Psychologen Timothy Butler und James Waldroop in den letzten Jahren empirisch ermittelt wurden. Beide arbeiten als Karriere-Berater für Führungskräfte und

Studenten, die häufig vor dem Studium schon berufliche Erfahrungen gesammelt haben.

Interessen sind nicht gleichzusetzen mit Fertigkeiten, Kenntnissen und Erfahrungen. In einer bestimmten Interessensdimension einen hohen Wert zu erzielen, heisst noch nicht, auf diesem Gebiet fit zu sein. BIA ist kein Leistungstest. Sie zeigt Neigungen, ja sogar Leidenschaften auf. Aber ein hoher Wert ist ein wichtiger Hinweis darauf, was schnell und einigermaßen erfolgsversprechend erlernt werden kann.

Fragebogen

Bewerten Sie die folgenden 80 Aussagen und tragen Sie Ihre Bewertungszahlen jeweils links neben jede Aussage ein. Eine 5 steht für „trifft voll und ganz zu“, eine 1 für „trifft gar nicht zu“.

gar nicht	kaum	etwas	gut	voll und ganz
1	2	3	4	5

______ 1. Mir liegt sehr daran, Geschäftsprobleme durch den Einsatz von Technik effektiver zu lösen.

______ 2. Bei einer neuen Geschäfts- oder Produktidee lebe ich auf.

______ 3. Ich bin häufig in der Rolle eines Coach oder Mentors.

______ 4. Es gefällt mir, bei Entscheidungen die letzte Instanz zu sein.

______ 5. Um einen Sachverhalt zu demonstrieren, erzähle ich gerne Geschichten.

______ 6. Leiter eines Unternehmens zu werden ist für mich attraktiver als „nur“ Betriebsleiter.

______ 7. Zahlenwerke zu analysieren ist häufig die einzige Methode, um ein geschäftliches Problem zu lösen.

______ 8. Mich interessiert nicht nur, ob etwas funktioniert, sondern vor allem wie.

______ 9. Es gibt nichts Praktischeres als eine gute Theorie.

______ 10. Es liegt mir, Produkte, Dienstleistungen, Ereignisse u.ä. ideenreich und pfiffig zu gestalten.

______ 11. Ich teile gerne Ressourcen zu, wenn es darum geht, eine Business-Vision zu realisieren.

______ 12. Vor wichtigen Gesprächen und Meetings überlege ich mir sehr genau, wie ich meine Partner ansprechen werde.

______ 13. Mit Mitarbeitern zusammen im Trubel des Tagesgeschäfts Ziele zu erreichen, macht mir Spaß.

______ 14. Um meine Vorstellungen zu realisieren, brauche ich eine Mannschaft.

______ 15. Ich gestalte gerne Geschäftsprozesse neu.

gar nicht	kaum	etwas	gut	voll und ganz
1	2	3	4	5

______ 16. Mathematische Spiele und Rätsel reizen mich.

______ 17. In einem service-orientierten Sinne unterstütze ich Kollegen und Kunden.

______ 18. Ich habe gerne meinen klar definierten „eigenen“ Arbeitsbereich.

______ 19. Mir liegt es, Produktions-, Vertriebs- oder Betriebssysteme zu analysieren und zu planen.

______ 20. Im Management zählen für mich hauptsächlich Menschen.

______ 21. Beim Kauf von Aktien interessieren mich nicht so sehr die Fantasie oder die „Story“, sondern die fundamentalen Daten eines Unternehmens.

______ 22. Ich beschäftige mich gerne mit Theorien, seien sie wissenschaftlich, mathematisch oder literarisch.

______ 23. Hergebrachtes, und sei es noch so bewährt, interessiert mich wenig.

______ 24. Ich lege großen Wert auf gute persönliche Beziehungen.

______ 25. Mitarbeiter, die Probleme machen, gehen mir nicht auf die Nerven.

______ 26. Ob für ein Team oder ein ganzes Unternehmen: Ich treffe gerne richtungsweisende Entscheidungen.

______ 27. Ich habe keine Mühe, Berichte und Zusammenfassungen zu schreiben.

______ 28. Sei es ein Jaguar E-Type oder ein Mikrowellenherd: Ich repariere gerne technische Geräte.

______ 29. Kritiker halten mich für einen „number cruncher“, für einen Zahlenfresser.

______ 30. Andere suchen meinen Rat, wenn sie Probleme haben.

______ 31. Bei einer Strategie interessiert mich mehr das Wie als das Warum.

______ 32. Ich blühe auf, wenn es darum geht, unerhörte, noch nie da gewesene Ideen bis zur konkreten Innovation voranzutreiben.

gar nicht	kaum	etwas	gut	voll und ganz
1	2	3	4	5

_______ 33. Ich berate Mitarbeiter eher, als sie direktiv zu führen.

_______ 34. Meistens trifft meine Rhetorik den Nagel auf den Kopf.

_______ 35. Ich sorge dafür, dass in meinem Umfeld nicht nur geredet wird, sondern dass etwas passsiert.

_______ 36. In meinem Freundeskreis gelte ich als Technik-Freak.

_______ 37. Es liegt mir, Computer-Modelle zu entwickeln, um Prozesse zu optimieren.

_______ 38. Ich kann mir gut vorstellen, als Trainer und Coach zu arbeiten.

_______ 39. Wenn es sein muss, kämpfe ich für meine Leute.

_______ 40. Als Berater für strategische Unternehmensentwicklung tätig zu sein, wäre für mich nicht ungewöhnlich.

_______ 41. Für mein Umfeld bin ich ein einfallsreicher Querdenker.

_______ 42. Probleme ohne ein Konzept zu lösen, kann ich mir kaum vorstellen.

_______ 43. Aus dem Stand auf Neuland vorzustoßen, macht mir Spaß.

_______ 44. Ich habe ein intensives Interesse daran, andere durch Sprache, Bilder und Ideen zu beeinflussen.

_______ 45. Ob im Beruf oder privat: Andere partnerschaftlich zu führen, macht mir Freude.

_______ 46. Nach endlosen Diskussionen sage ich, wo es lang geht.

_______ 47. Bei betrieblichen Problemen entwickle ich gerne ausgefeilte Lösungskonzepte.

_______ 48. Den Beginn eines neuen Projekts finde ich am spannendsten.

_______ 49. Es freut mich, wenn aus früheren Mitarbeitern von mir etwas wird.

_______ 50. Ich sehe mich als überzeugenden „Kommunikator“.

_______ 51. In der Wissenschaft oder an einer Hochschule zu arbeiten, ist für mich eine realistische Alternative.

gar nicht	kaum	etwas	gut	voll und ganz
1	2	3	4	5

______ 52 Wenn es meinen Leuten nicht gut geht, unternehme ich etwas.

______ 53. In einem High-Tech-Umfeld fühle ich mich wohl.

______ 54. Ich bevorzuge mathematische Modelle, um komplexe Probleme zu lösen.

______ 55. Andere bezeichnen mich als entscheidungsfreudig, aber auch dominant.

______ 56. Es macht mir Spaß, Pläne, alternative Business-Szenarien und Prognosen zu entwickeln.

______ 57. Ich mag das operative Geschäft, wo ich direkten und häufigen Kontakt mit Mitarbeitern habe.

______ 58. Es gelingt mir meistens, andere von einer neuen Idee zu überzeugen.

______ 59. Mich interessieren Produkte und Dienstleistungen, die auf fortgeschrittener Technologie basieren.

______ 60. In meinem Umfeld gelte ich als „Zahlenakrobat“.

______ 61. Über abstrakte Ideen und Theorien nachzudenken und zu diskutieren, bereitet mir ausgesprochenes Vergnügen.

______ 62. Es reizt mich, hartes Business und ästhetisches Gestalten von Produkten auf einen Nenner zu bringen.

______ 63. Bei Präsentationen mache ich mir eingehende Gedanken darüber, wer mein Publikum ist.

______ 64. Ich kann mir gut vorstellen, an der Spitze eines eigenen Unternehmens zu stehen.

______ 65. Ein Problem zerlege ich erst in seine Einzelaspekte.

______ 66. Komplexe Zusammenhänge auf mathematische Gesetzmäßigkeiten zu reduzieren, ist für mich ein wichtiger Weg, die Welt zu verstehen.

______ 67. Brainstorming und andere Methoden, unkonventionelle Lösungen zu finden, bringen mich gedanklich zum Laufen.

______ 68. Ich mag das Gefühl, von anderen gebraucht zu werden.

gar nicht	kaum	etwas	gut	voll und ganz
1	2	3	4	5

______ 69. Manchmal verstricke ich mich zu sehr in die Angelegenheiten meiner Mitarbeiter.

______ 70. Andere bezeichnen mich als wort- und sprachgewandt.

______ 71. Mich freut es, wenn ein Unternehmen in neue Technik investiert.

______ 72. Für mich gilt: „Miss es oder vergiss es".

______ 73. Ich entwickle gerne Modelle, um z.B. die Wettbewerbsposition eines Unternehmens darzustellen.

______ 74. Es macht mir Spaß, Mitarbeiter, Kollegen und Kunden dabei zu beraten, mehr zu leisten.

______ 75. Ich arbeite mehr mit Anerkennung als mit Kritik.

______ 76. Ich genieße es, neue Ideen wirkungsvoll zu verkaufen.

______ 77. In der Produktentwicklung oder Werbung tätig zu sein, kann ich mir gut vorstellen.

______ 78. Es stellt mich zufrieden, anderen dabei zu helfen, erfolgreich zu sein.

______ 79. Mich interessiert die psychologische Seite des Managements.

______ 80. Der Umgang mit Statistiken liegt mir.

Auswertung

Übertragen Sie die jeweilige Punktzahl auf den Auswertungsschlüssel. Jede Dimension, in der Sie mehr als 35 Punkte erreichen, zählt zu Ihren persönlichen Interessen.

Technik

Fragenummern

1	8	15	19	28	36	53	59	65	71
☐	☐	☐	☐	☐	☐	☐	☐	☐	☐

Punktzahl **Summe** ☐

Umgang mit Zahlen

Fragenummern

7	16	21	29	37	54	60	66	72	80
☐	☐	☐	☐	☐	☐	☐	☐	☐	☐

Punktzahl **Summe** ☐

Theorieentwicklung und konzeptionelles Denken

Fragenummern

9	22	31	40	42	47	51	56	61	73
☐	☐	☐	☐	☐	☐	☐	☐	☐	☐

Punktzahl **Summe** ☐

Produktive Kreativität

Fragenummern

2	10	23	32	41	43	48	62	67	77
☐	☐	☐	☐	☐	☐	☐	☐	☐	☐

Punktzahl **Summe** ☐

Beratung und Unterstützung

Fragenummern

3	17	24	30	33	38	49	68	74	78
□	□	□	□	□	□	□	□	□	□

Punktzahl **Summe** □

Menschenführung

Fragenummern

13	20	25	39	45	52	57	69	75	79
□	□	□	□	□	□	□	□	□	□

Punktzahl **Summe** □

Macht und Kontrolle

Fragenummern

4	6	11	14	18	26	35	46	55	64
□	□	□	□	□	□	□	□	□	□

Punktzahl **Summe** □

Einfluss per Kommunikation und Ideen

Fragenummern

5	12	27	34	44	50	58	63	70	76
□	□	□	□	□	□	□	□	□	□

Punktzahl **Summe** □

Business-Interessen

Technik:

Ob mit Ingenieurausbildung oder nicht: Faszination durch die innere Funktionsweise bestimmter Dinge. Kernfrage: Wie können Business-Probleme durch den Einsatz von Technik besser gelöst werden?

Umgang mit Zahlen:

Starkes Interesse daran, durch die Analyse von Zahlen und Zahlenwerken Zusammenhänge aufzudecken und Entscheidungen vorzubereiten.

Theorieentwicklung und konzeptionelles Denken:

Nachdenken und Diskutieren über abstrakte Ideen, Vorstellungen und Konzepte, die, wenn überhaupt, erst in Jahren praktisch zum Tragen kommen.

Produktive Kreativität:

Es ist eine Lust, im Detail etwas Neues zu entwickeln und zu gestalten. Kernfrage: Wie schaffen wir den Sprung von der Idee zur konkreten Innovation?

Beratung und Unterstützung:

Getragen von mitmenschlicher Verantwortung der Wunsch, gebraucht zu werden, andere durch Training, Ausbildung, Rat und Tat beruflich besser zu qualifizieren.

Menschenführung:

Der Wunsch, aufgrund guter menschlicher Beziehungen zusammen mit anderen auf kooperativ-konsultative Weise etwas aufzustellen, einem Projekt zum Erfolg zu verhelfen, einen Betrieb am Laufen zu halten.

Macht und Kontrolle:

Basierend auf kritischer Grundhaltung und ausgeprägter Eigenständigkeit der Drang, an der Spitze einer Einheit oder ganzen Organisation zu stehen, etwas zu bewegen und finale Entscheidungen zu treffen.

Einfluss per Kommunikation und Ideen:

Überzeugungsarbeit leisten, Verhandlungen führen, Geschichten erzählen, um Ideen mündlich und schriftlich zu verkaufen, zu propagieren und zu promoten.

Technik	0	10	20	30	40	50
Umgang mit Zahlen	0	10	20	30	40	50
Theorieentwicklung und konzeptionelles Denken	0	10	20	30	40	50
Produktive Kreativität	0	10	20	30	40	50
Beratung und Unterstützung	0	10	20	30	40	50
Menschenführung	0	10	20	30	40	50
Macht und Kontrolle	0	10	20	30	40	50
Einfluss per Kommunikation und Ideen	0	10	20	30	40	50

Anmerkungen zur Auswertung

- **Höchstwert**

  Natürlich ist der Höchstwert interessant. Da viele Menschen jedoch mehr als einen Interessenschwerpunkt haben, sind auch in der BIA die Kombinationen aus den 2 bis 3 höchsten Werten aufschlussreicher. Dieser Mix setzt sich idealerweise zusammen aus Werten, die um die 35 bzw. 40 Punkte liegen.

- **Häufige Kombinationen**

- Macht und Kontrolle / Menschenführung: In leitender Position tätig, stehen diese Menschen gern im Tagesgeschäft. Mitarbeiterführung wird als Herausforderung empfunden.
- Menschenführung / Beratung und Unterstützung: Leute mit dieser Kombination sind voll auf andere Menschen eingestellt. Führungsrollen im Dienstleistungsbereich sowie enge Kontakte zu Kunden werden bevorzugt. Auch im Personalbereich finden sich Führungskräfte mit dieser Kombination.
- Umgang mit Zahlen / Menschenführung: Häufig im Bereich finanzieller Dienstleistungen anzutreffen, führen diese Menschen andere gern an das Erreichen von Zielen heran.
- Macht und Kontrolle / Einfluss per Kommunikation und Ideen: Diese Kombination entspricht häufig dem Profil von Leuten, die Spaß am Verkaufen haben. Diese Ausprägung kann auch typisch sein für Manager mit deutlich charismatischer Ausstrahlung.
- Technik / Menschenführung: Diese Kombination tritt z.B. auf bei Ingenieuren, Computerwissenschaftlern und anderen Technikinteressierten, denen es Freude macht, ein Team zu leiten.
- Produktive Kreativität / Macht und Kontrolle: Typisch für echte Unternehmer, weist diese Kombination auf Menschen hin, die etwas bewegen wollen und anderen die Richtung weisen.

- **Durchgängig niedere Werte**

  Dies könnte ein Hinweis dafür sein, dass die eigentlichen Interessen außerhalb des Business-Bereiches liegen.

- **Durchgängig hohe Werte**

  Auf den ersten Blick eine Multi-Begabung, kann dieses Ergebnis auch aufgrund von Selbstüberschätzung und einer inflatorisch-euphorischen

Stimmung beim Bearbeiten des Fragebogens zustande gekommen sein.

- **Vergleich mit dem jetzigen Job**

  Die Idee liegt nahe zu hinterfragen, inwieweit die augenblickliche Tätigkeit dem eigenen Interessensprofil entspricht. Entscheidend dabei ist, was jemand tatsächlich tut. Gattungsbegriffe wie Marketing, Produktion oder Personal sind dabei wenig hilfreich. Im Bereich Human Resources werden z.B. Gehaltssysteme entwickelt (Dimension „Umgang mit Zahlen"), Seminare konzipiert (Dimension „Theorieentwicklung und konzeptionelles Denken") oder Mitarbeiter und Führungskräfte gecoacht (Dimension „Beratung und Unterstützung").

  Löst ein Vergleich zwischen Interessen und Job Nachdenklichkeit und Unsicherheit aus, bedeutet dies noch nicht, einen anderen Beruf ergreifen oder sich selbstständig machen zu müssen. Man kann sich im eigenen Betrieb umtun, das Gespräch mit dem Vorgesetzten suchen, um Möglichkeiten auszukundschaften, wie der Job auf das eigene Interessensprofil hin zugeschnitten werden kann.

- **Interessen – nur ein Faktor in der persönlichen Job-Gleichung?**

  Intrinsische, d.h. von innen geleitete Motive bei völliger Armut restlos auszuleben, dürfte nicht ganz dem Zeitgeist entsprechen. Ohne die Bedeutung der vitalen Interessen relativieren zu wollen, kommt es darauf an, sie bei beruflichen Entscheidungen mit ins Kalkül einzubeziehen. Was im Konfliktfall dann schwerer wiegt, die Karriere oder Selbstverwirklichung, ist eine Frage des persönlichen Wertsystems. Glücklich sind diejenigen, die, wenn auch nach einigen Anstrengungen, Karriere und Selbstrealisierung auf einen Nenner bringen.

3.2.2 MMA Management Mindset Analyse

Führungskräfte wurden immer schon nach allen möglichen Kriterien beurteilt und getestet: Nach Strategieumsetzung, nach Umsatz, Ertrag oder Auftragseingang, nach ihrem Verhalten, nach ihrer Rolle in Gruppen und schlimmstenfalls nach ihrer Persönlichkeit, womit dann endgültig ein Punkt erreicht ist, wo sich viele Entwicklungsmaßnahmen als vergeblich erweisen.

MMA geht von dem Anker „Mindset" aus, ein Begriff, der sich ohne größere sprachliche Verrenkungen nicht ins Deutsche übertragen lässt. Er beinhaltet folgende Aspekte:

- Wie **nimmt** ein Manager sein Umfeld **wahr**?
- Wie **interpretiert** er die Realität?
- Wie **reagiert** er, wenn er glaubt, Sicherheit, Macht, Erfolg und Einfluss seien bedroht?

In der Folge bedeutet das dann auch:

- Mindsets können sich **ändern**.
- Das nennt man **Entwicklung**.

Das Konzept stammt von David Rooke, einem englischen Berater, und Willliam R. Torbert, Management-Professor am Boston College. Beide untersuchen seit 25 Jahren Führungskräfte im Alter von 25 bis 55 Jahre in amerikanischen und europäischen Unternehmen. Ihre Forschungsergebnisse sind eine wichtige Basis, um die Entwicklung von Führungskräften zu verstehen und entsprechende Maßnahmen abzuleiten.

Fragebogen

Bewerten Sie die folgenden 70 Aussagen und tragen Sie Ihre Bewertungszahlen in die nebenstehenden Kästchen ein. Eine **5** steht für **„ich stimme voll und ganz damit überein"**, **„trifft voll und ganz auf mich zu"**, eine **1** steht für **„ich stimme gar nicht damit überein"**, **„trifft gar nicht auf mich zu"**.

[5] voll und ganz [4] häufig [3] einigermaßen [2] eher kaum [1] gar nicht

1.	Auf Widerstand, Angriffe und Kritik reagiere ich ausgesprochen deutlich.	☐
2.	Es ist immer wichtig, andere mit Respekt und einfühlsam zu behandeln.	☐
3.	Der Erfolg eines Unternehmens hängt davon ab, ob es Wissen und Know-How kontrolliert.	☐
4.	Auch in Phasen hohen Leistungsdrucks ist ein gutes Klima in meinem Umfeld entscheidend.	☐
5.	In Besprechungen sorge ich dafür, dass kontroverse Ideen und Standpunkte ausführlich diskutiert werden.	☐
6.	Wenn ein Projekt atmosphärisch-klimatisch am Kippen ist, greife ich sofort ein.	☐
7.	Im richtigen Augenblick hellwach zu sein, ist für mich wesentlich wichtiger, als mich detailliert auf etwas vorzubereiten.	☐
8.	Um etwas zu erreichen, verlasse ich mich ausschließlich auf mich selbst.	☐
9.	Ich unternehme viel, um für andere berechenbar zu bleiben.	☐
10.	Schlampiges Denken bei anderen ärgert mich.	☐
11.	Mich an neuen Ideen zu berauschen, liegt mir nicht. Für mich zählt nur, was umgesetzt wird.	☐
12.	Ich weiß, dass Mitarbeiter voller ungehobener Talente stecken.	☐
13.	Die Wahrheit hat viele Gesichter.	☐
14.	Ob etwas klappt, entscheidet nur das richtige Timing.	☐

5 voll und ganz 4 häufig 3 einigermaßen 2 eher kaum 1 gar nicht

15. Vertrauen ist gut, aber Kontrolle ist einfach besser. ☐
16. Auch wenn es die einzige Lösung wäre: Regelverstöße, fehlende Absprachen und sonstige Alleingänge sind für mich tabu. ☐
17. Es gibt nichts, was sich nicht verbessern lässt. ☐
18. Das Perfekte kostet zu viel Zeit. ☐
19. Ich bin dahinter her, dass meine Leute ihre Talente im Job umsetzen. ☐
20. Ich verwende viel Zeit darauf, dass allen unsere Strategie immer klarer wird. ☐
21. Auch bei Hektik im Tagesgeschäft ist für mich entscheidend ob das, was passiert, unserer langfristigen Ausrichtung entspricht. ☐
22. Es fällt mir leicht, Regeln im Unternehmen kreativ zu umgehen. ☐
23. Es macht mich unsicher, wenn andere sich nicht an Normen und Spielregeln halten. ☐
24. Mit Leuten zu reden, die fachlich nicht kompetent sind und keine Ahnung haben, strengt mich spürbar an. ☐
25. Es zählt nur, dass wir eine Strategie konsequent umsetzen. ☐
26. Bei Konflikten interessiert mich vor allem, welche Motive die Beteiligten haben. ☐
27. Mit Traditionen und eingefahrenen Zwängen im Betrieb halte ich mich nicht auf. ☐
28. Mir ist Geschwindigkeit wichtiger als Perfektion. ☐
29. Es gibt nichts, was man anderen nicht „verkaufen“ kann. ☐
30. Wenn ich den Eindruck habe, andere kommen zu kurz und werden benachteiligt, macht mir das zu schaffen. ☐
31. Durch Meetings fühle ich mich von meiner eigentlichen Arbeit abgehalten. ☐
32. Auch bei hohem Leistungsdruck und Hektik habe ich die Zeit, mit Mitarbeitern darüber zu sprechen, wie es ihnen geht. ☐

5 **voll und ganz** 4 **häufig** 3 **einigermaßen** 2 **eher kaum** 1 **gar nicht**

33. Ich finde es gut, wenn Menschen sich deutlich unterscheiden. ☐
34. Veränderungen im Unternehmen anzuschieben, bedeutet für mich, zuerst den Einzelnen anzuschieben. ☐
35. Ich frage mich ständig, wie ich meine Aktivitäten auf unterschiedlichen Feldern und Ebenen besser vernetzen kann. ☐
36. Für mich ist entscheidend, was ich von mir selbst halte. ☐
37. Kritikgespräche sind unangenehm. ☐
38. Bei Entscheidungen zählen Fakten, Zahlen und Logik. ☐
39. Konfliktlösungen mit einem Verlierer sind der erste Schritt zu einem weiteren Konflikt. ☐
40. Wenn es darum geht, einem Projekt zum Durchbruch zu verhelfen, kann ich auf vorherrschende Spielregeln keine Rücksicht nehmen. ☐
41. Für mich ist es wichtig, den wahren Sinn eines Ereignisses zu erkennen ☐
42. Phantasie ist wichtiger als Wissen. ☐
43. Bei einer neuen Situation stelle ich mir als Erstes die Frage, welche Vorteile ich dadurch haben werde. ☐
44. Ich versuche, harte Entscheidungen zu vermeiden. ☐
45. Für andere arbeite ich zu langsam. Aber mein Ergebnis ist dann auch perfekt. ☐
46. Für mich sind kurz- und langfristige Ziele gleich wichtig. ☐
47. Unser Ziel ist für alle verbindlich. Ansonsten herrscht Methodenfreiheit. ☐
48. Immer den Betrieb vor Augen zu haben, ist gefährlich. ☐
49. Ich wende viel Zeit auf, um darüber nachzudenken, ob sich auftuende Chancen immer mit Integrität und Wahrhaftigkeit vereinbaren lassen. ☐
50. Nur wenige Leute im Betrieb blicken wirklich durch und wissen, was gespielt wird. ☐
51. Mit Freundlichkeit und Respekt erreiche ich immer mehr als durch Druck und Dominanz. ☐

[5] **voll und ganz** [4] **häufig** [3] **einigermaßen** [2] **eher kaum** [1] **gar nicht**

52. Mit Gefühlen und Befindlichkeiten kann ich im Beruf wenig anfangen. ☐
53. Am Ende des Tages muss für mich klar sein, was ich heute geschafft habe. ☐
54. Viele Regeln und Vorschriften behindern unsere Effektivität und unser Engagement. ☐
55. Es ist völlig normal für mich, auf Widerstand gegen neue Ideen und Veränderungen zu stoßen. ☐
56. Im Betrieb ein Fenster einzuschlagen, um frische Luft hereinzulassen, macht deutlich mehr Sinn als ein ausgefeiltes Change-Konzept. ☐
57. Wenn jemand an etwas schuld ist, dann sollte ihm das auch gesagt werden. ☐
58. Ich tue viel für den Zusammenhalt meines Teams. ☐
59. Ich blühe auf, wenn ich etwas von der Idee zur marktfähigen Innovation entwickeln kann. ☐
60. Es gelingt mir, Ziele und Motive anderer zu erkennen, noch bevor diese sich selbst darüber klar geworden sind. ☐
61. Um zu einer guten Entscheidung zu kommen, freue ich mich über Standpunkte, die anfänglich möglichst weit auseinander liegen. ☐
62. Die Umsetzung einer Strategie muss scheitern, wenn sich nicht alle Beteiligten in ihr wiederfinden. ☐
63. Ich verstehe mich gut mit Leuten, die das große Ganze, das „big picture“ im Auge haben. ☐
64. Bei meinem Humor vergeht anderen das Lachen. ☐
65. Vereinbarungen und Zusagen zuverlässig einzuhalten, ist für mich die entscheidende Basis jeglicher Zusammenarbeit. ☐
66. Ich trauere den Zeiten nach, als ich nur Spezialist bzw. Fachmann war. ☐
67. Eine verabschiedete Strategie muss für mich offen sein für ständige Korrekturen. ☐

[5] voll und ganz [4] häufig [3] einigermaßen [2] eher kaum [1] gar nicht

68. Ich komme gut mit Leuten aus, die anderer Meinung sind als ich. ☐

69. Wir reden nicht viel über unsere Strategie, aber praktisch dauernd über Ergebnisse. ☐

70. Ich merke es, wenn andere nur so tun, als würden sie mit mir reden oder verhandeln. ☐

Auswertung

Übertragen Sie die jeweilige Punktzahl (1–5) auf den Auswertungsschlüssel auf dieser Seite. Jeder Mindset, in dem Sie mehr als 35 Punkte erreichen, zählt zu Ihren Schwerpunkt-Mindsets.

Opportunist

Fragenummern

1	8	15	22	29	36	43	50	57	64
☐	☐	☐	☐	☐	☐	☐	☐	☐	☐

Punktzahl **Summe** ☐

Diplomat

Fragenummern

2	9	16	23	30	37	44	51	58	65
☐	☐	☐	☐	☐	☐	☐	☐	☐	☐

Punktzahl **Summe** ☐

Fachmann

Fragenummern

3	10	17	24	31	38	45	52	59	66
☐	☐	☐	☐	☐	☐	☐	☐	☐	☐

Punktzahl **Summe** ☐

Performer

Fragenummern

4	11	18	25	32	39	46	53	60	67
☐	☐	☐	☐	☐	☐	☐	☐	☐	☐

Punktzahl **Summe** ☐

Individualist

Fragenummern

5	12	19	26	33	40	47	54	61	68
☐	☐	☐	☐	☐	☐	☐	☐	☐	☐

Punktzahl **Summe** ☐

Stratege

Fragenummern

6	13	20	27	34	41	48	55	62	69
☐	☐	☐	☐	☐	☐	☐	☐	☐	☐

Punktzahl **Summe** ☐

Alchemist

Fragenummern

7	14	21	28	35	42	49	56	63	70
☐	☐	☐	☐	☐	☐	☐	☐	☐	☐

Punktzahl **Summe** ☐

Opportunist

0 10 20 30 40 50

Diplomat

0 10 20 30 40 50

Fachmann

0 10 20 30 40 50

Performer

0 10 20 30 40 50

Individualist

0 10 20 30 40 50

Stratege

0 10 20 30 40 50

Alchemist

0 10 20 30 40 50

Mindsets

Die unter der Rubrik „Erfolg" genannten Prozentzahlen beziehen sich auf den jeweiligen Anteil eines Mindsets an der von Rooke & Torbert untersuchten Grundgesamtheit von Führungskräften.

Opportunist

Mindset	Reaktionsmuster	Erfolg
Kernfrage: **Was ist für mich drin?** Konsequenzen: - **Fokus auf ausschließlich persönlichen Vorteilen** - **Misstrauen** - **Egozentrismus** - **Manipulation anderer**	- alles muss unter Kontrolle sein - Mitspieler sind Objekte - paranoide Tendenzen - feedbackresistent - Schuldzuweisungen, Einschüchterung und harte Retourkutschen - Hang zu Grandiosität - „Regeln sind dazu da, um gebrochen zu werden"	- bestenfalls **kurzfristig** - evtl. vorübergehender Erfolg mit einem Haufen von **Komplizen** - max. 5%

Diplomat

Mindset	Reaktionsmuster	Erfolg

Motto:
Don't rock the boat!
Konsequenzen:
- **Starke Selbstkontrolle**
- **Akzeptanz und Einfluss durch**
  - **Einhalten von Normen und Regeln**
  - **Loyalität und Pflichtbewusstsein**
  - **Verlässlich- und Berechenbarkeit**
	- freundlich, höflich
	- sorgt für Zusammenhalt einer Gruppe
	- berücksichtigt Bedürfnisse anderer
	- evtl. konfliktscheu
	- Schwierigkeiten, kritisches Feedback auszusprechen
	- harten Entscheidungen wird ausgewichen
		- unter Leistungsgesichtspunkten unterdurchschnittlich
		- als Leader in Zeiten des Umbruchs eine Katastrophe
		- „Diplomat" kommt häufig vor bei jungen Managern mit direktem Kundenkontakt
		- „Diplomat" evtl. Durchgangsstation
		- ca. 10%

Fachmann

Mindset	Reaktionsmuster	Erfolg
Kernaussage: **Wissen ist die Basis von Perfektion.** Konsequenzen: - **Kontrolle der Welt durch Wissen** - **Wasserdichtes Denken in allen Lebenslagen**	- strebt ständig nach Verbesserungen - betont Effizienz, nicht unbedingt Effektivität - sieht Meetings eher als Zeitverschwendung - emotionale Intelligenz ist ein Fremdwort - hat Probleme mit Leuten mit weniger Expertise	- als Führungskraft problematisch - als Spezialist und individual contributor Spitze - mäßige Erfolge, weil Effizienz und Effektivität miteinander verwechselt werden - ca. 40%

Performer

Mindset	Reaktionsmuster	Erfolg
Motto: **Es gibt nicht Gutes, außer man tut es.** Konsequenzen: - **deutliche Handlungs- und Umsetzungsorientierung** - **Konzentration auf das Machbare** - **wenig Perfektionismus** - **breite Wahrnehmung der Realität** - **gutes Arbeitsumfeld als Voraussetzung für Strategieumsetzung**	- ist offen für Feedback - löst Konflikte konstruktiv - beeinflusst andere positiv - balanciert mit Kurz- und Langfristzielen - bringt Teams ins Laufen - kalkuliert Wahrnehmungs- und Meinungsunterschiede in seine Aktionsorientierung mit ein	- eher überdurchschnittlich - Konflikte mit „Fachleuten“ - ca. 30%

Individualist

Mindset	Reaktionsmuster	Erfolg
Motto: - **People differ** - **Nix is fix** Konsequenzen: - **Nutzbarmachen von Unterschieden (Kompetenzen, Talente, Einstellungen usw.), um Ergebnisse zu erzielen** - **ergebnisorientierte Unangepasstheit**	- hört Mitarbeitern zu - geht auf sie ein - denkt über sie nach - nimmt sich Freiheiten heraus - verstößt gegen Regeln und Traditionen - irritiert Umfeld	- eher überdurchschnittlich - guter change agent - hat Erfolg durch Improvisation und Disziplinlosigkeiten - ca. 10%

Stratege

Mindset	Reaktionsmuster	Erfolg
Persönliche Normen: - **Strategie vor Taktik** - **Prozess vor Inhalt** Konsequenzen: - **ständige Verhandel- und Veränderbarkeit von Zwängen** - **Unterschiede als Chance** - **Durchblick** - **Gespür für eigentliche Bedeutung, eigentlichen Sinn von Ereignissen und Aktionen**	- hat psychologische und atmosphärische Konsequenzen von Veränderungen im Auge - schafft eine gemeinsame Vision - geht konstruktiv mit Widerstand um - hilft anderen, sich zu verändern und zu wachsen - begreift Veränderungen in der Gesellschaft - nutzt sie unternehmerisch	- überdurchschnittlich - konsequenter change agent - ca. 4%

Alchemist

Mindset	Reaktionsmuster	Erfolg
Motto: **Wachheit statt Trance** Konsequenzen: - **sensible, vielschichtige Wahrnehmung** - **simultanes Agieren auf unterschiedlichen Feldern und Ebenen** - **langfristige Orientierung bei operativer Agilität**	- erkennt und nutzt einmalige, evtl. historische Chancen - hat Gespür für Timing - will die Wahrheit finden - wirkt charismatisch - vertritt hohe ethische Standards - versteht, symbolisches Management einzusetzen, um Veränderungen anzuschieben - ist wach gegenüber sich selbst und anderen	- überdurchschnittlich, evtl. im Sinne von epochal - „Alchemist“ ist ein Glücksfall - unter 1%

Anmerkungen zur Auswertung

- Alle Werte über 35 sind interessant.
- Es kann zu einem Mindset-Schwerpunkt, aber auch zu mehreren Schwerpunkten kommen.
- Die MMA-Ergebnisse sind Momentaufnahmen. In einem Jahr können sich die Resultate bereits leicht verschoben haben.
- Die Mindsets korrespondieren nicht nur mit bestimmten Positionen, die beim Aufstieg in einem größeren Unternehmen durchlaufen werden. Sie spiegeln auch die persönliche Entwicklung einer Führungskraft wider, ursprünglich ausgehend von einer schmalen Basis, was berufliche Identität und Selbstverständnis betrifft, und dann wachsend in Richtung eines zunehmend geklärten Selbstverständnisses, das immer mehr damit übereinstimmt, wie die berufliche Rolle konkret wahrgenommen wird. So werden viele ihre Laufbahn als Fachmann beginnen. Später wird dann erkannt, dass es nicht nur selbstverständlich ist, sein Handwerk zu

beherrschen, sondern das es immer seltener wirklich darauf ankommt. Es spielt immer weniger eine Rolle, selbst fachlich Außerordentliches zu leisten, sondern Leistung heißt, andere, d.h. Mitarbeiter, zum Laufen zu bringen. Das ist ein ganz anderes Spiel.

- Die Übergänge von einem Mindset zum nächsten lassen sich wie folgt nachzeichnen:

- Entwicklung vom **Fachmann** zum **Performer**

Nicht mehr verstärkt werden:	- Eindimensionalität
	- ausschließlich fachliche Expertise
	- Perfektionismus
Belohnt werden:	- Management von Leistung
	- Umsetzen strategischer Prioritäten
	- psychologische Umsicht
	- Arbeiten mit unterschiedlichen Standpunkten und Meinungen
	- Fragen statt behaupten oder sofort bewerten
	- Termintreue
Typische Seminare:	- Führen durch Zielvereinbarung
	- Effektive Delegation
	- Kommunikation
	- Konflikte lösen
	- Ergebnisorientiertes Führen von Mitarbeitern

- Entwicklung vom **Performer** zum **Individualisten**

Was wichtiger wird:	- Achtsamkeit und Wachheit sich selbst gegenüber
	- erweiterter geistiger Horizont, z.B. in puncto anderer Kulturen
	- Business Ziele werden reflektiert („was“ anstatt „wie“)

	- Gespräche, um Ideen zu entwickeln, und weniger, um Bekanntes auszutauschen
	- Umgehenkönnen mit Dissonanzen
	- Unterschiede zwischen Menschen ermutigen
Methode:	- dialogisches Coaching (keine Tipps und Ratschläge)

- Entwicklung vom **Individualisten** zum **Alchemisten**

Was wichtiger wird:	- Heranbilden eines Teams, das auf Augenhöhe ggf. anderer Meinung ist,
	- den Leader herausfordert und
	- hilft, Grundsätzliches in Frage zu stellen
Methoden:	- Gegenseitiges Mentoring mit Kollegen und engen Mitarbeitern
	- Langfristprogramme (2 Jahre), die immer wieder konventionelle Annahmen über Leadership und das Funktionieren einer Organisation in Frage stellen
	- deutliche Phasen der Reflexion
	- Coaching, das den dynamischen Wechsel von Aktion und Reflexion verstärkt

4. Talent Engagement vor Ort

Talente sind auch durch Engagement charakterisiert. Volles Engagement bedeutet, dass man emotional dabei ist, dass man als talentierter Mensch nicht leerläuft und „nur“ einen Job oder einen Titel hat. Operational definiert ist Engagement die

- positive
- aktive
- handlungs- und initiativenorientierte
- unter Druck belastbare

Einsatzbereitschaft gegenüber

- dem Kunden
- dem Unternehmen
- dem eigenen Team, den Kollegen, dem Vorgesetzten und
- sich selbst.

4.1 Engagement-Ebenen

Engagement bedeutet wohl für viele ein irgendwie starkes und gutes Gefühl. Bei näherem Hinsehen zeigt sich, dass Engagement sich auf unterschiedlichen mentalen Ebenen entwickeln kann. Welche Ebene aktiviert wird, hängt u.a. von der Qualität des Einflusses von außen ab. Vor allem muss beim Gegenüber die richtige Ebene getroffen werden. Es macht wenig Sinn, z.B. einem Mitarbeiter vorzuschwärmen, wie schön es wäre, auf dem Weltmarkt endlich die Nummer Eins zu sein, wenn der Mitarbeiter auf diesem Ohr gar nicht hört und befürchtet, dass der Leistungsdruck weiter zunehmen werde.

- **Politisches Engagement**

Diese niederste Form des Engagement läuft darauf hinaus, sich für etwas einzusetzen, um damit in Wirklichkeit etwas ganz anderes zu erreichen. Auch wenn dies wie eine Stammtischparole klingt, Politiker, gleichgültig welcher parteipolitischer Couleur, wollen zuerst einmal gewählt werden, später dann vielleicht Fraktionsvorsitzender oder Minister werden. Natürlich geht es auch um soziale Absicherung. Man wird sich also für ein Thema engagieren, von dem man glaubt, es komme gut an. Das kann sich mit persönlichen Wertsystemen decken, aber das muss nicht so sein.

Politiker stehen mit dieser Art von Engagement keineswegs allein da. Viele Unternehmen funktionieren über weite Strecken hinweg nach diesem Muster. Man tut, man macht, man zerreißt sich, man übernimmt Aufgaben, die man eigentlich für sinnlos hält, um beim Vorstand positiv aufzufallen, befördert oder nicht entlassen zu werden, mehr Geld zu verdienen, kurzum, um Karriere zu machen.

Es kann gar kein Zweifel bestehen, und zwar jenseits jeglichen Herummoralisierens, dass dieses System funktioniert, und zwar so lange, solange ein Unternehmen nicht vor grundlegenden Veränderungen steht, nicht viel dazugelernt, die Komfortzone nicht verlassen werden muss und es genügt, „gut", aber nicht „großartig" zu sein.

Politisches Engagement empfiehlt sich für ruhige Zeiten, für lange Phasen eines „business as usual". Man bekommt damit durchaus eine Menge erledigt, es wird viel „abgearbeitet", aber das war es dann auch schon. Irgendwelche „neuen Qualitäten" entstehen so nicht.

- **Intellektuelles Engagement**

Hier wird versucht, den Intellekt, die Kreativität, das Hirn des Gegenübers für eine gute Idee zu gewinnen. Es gelingt, andere zu überzeugen, weil eine Idee in sich schlüssig und logisch ist.

Damit lassen sich auch dramatische Veränderungen anstoßen. So forderte Margaret Thatcher einstmals die Engländer auf, ihr Selbstkonzept, ihre Idee von sich selbst zu überprüfen, sich gegen staatliche Gängelei zu wehren und wesentlich mehr Eigeninitiative zu entwickeln. Geschäftsleuten sagte sie: „Das Einzige, was ich für Sie tun kann, ist es, Sie so frei zu machen, dass Sie Dinge so anpacken, wie Sie es für richtig halten. Machen Sie das nicht, tut es mir leid. Ich kann Ihnen nicht mehr anbieten."

Andere intellektuell zu engagieren, kann natürlich schnell übertrieben werden. Durch einen Overkill an Zahlen, Einzelinformationen und logischen Schlüssen kann auch eine „Paralyse durch Analyse" entstehen. Das Publikum ist zwar jetzt wesentlich besser informiert, aber noch ratloser als vorher.

Hinter diesem Vorgehen steckt nicht selten die Taktik: „Wenn man jemand schon nicht überzeugen kann, dann sollte man ihn wenigstens verwirren." Und das passt jetzt wieder gut in das Konzept des politischen Engagements.

An das intellektuelle Engagement allein zu appellieren, wird dann zum Rohrkrepierer, wenn unberücksichtigt bleibt, in welcher „Währung" andere denken und fühlen. Das Verkünden einer Vision, die alle Langfristtrends der Globalisierung berücksichtigt, wird völlig danebengehen, wenn das Publikum Fragen plagen wie „Wie geht es mit uns im nächsten Quartal weiter?" oder „Was wird aus mir, werde ich auf die Straße gesetzt?"

Ein anderes Risiko entsteht durch Mitmenschen, die eine in sich logisch konsistente Argumentation eher für „platte Logik" halten, die sie keineswegs von den Stühlen reisst.

- **Emotionales Engagement**

Die Schlüsselwörter sind hier „Aktivieren und Mobilisieren" und nicht „Überzeugen" wie beim intellektuellen Engagement. Begabte Leader haben ein Gepür dafür, in welcher gefühlsmäßigen Verfassung andere sind. Dabei versteht es sich von selbst, dass jemand, der bei sich keine Gefühle zulässt und sie ständig unterdrückt, nicht den Nerv hat, Gefühle anderer anzusprechen. Um sich nicht lächerlich zu machen, sollte das dann auch gar nicht erst versucht werden.

Um bei anderen ein Feuer anzuzünden, Hoffnung und Enthusiasmus zu wecken, gilt es, emotional den richtigen Ton anzuschlagen. Wie macht man das? Indem jemand über seine eigenen Gefühle, seine Hoffnungen und Ängste spricht. Wenn diese Gefühle wirklich vorhanden sind, dann steigert es die persönliche Glaubwürdigkeit ganz ungemein, wenn jemand darüber dann auch spricht. Wer nicht von einer Sache begeistert ist, wird andere nicht begeistern können. Ohne selbst engagiert zu sein, ist es nicht möglich, andere zu engagieren.

Gefühle anzusprechen und damit emotionale Intelligenz zu zeigen, ist nichts anderes als umgesetztes psychologisches Basiswissen. Was immer auch passiert, die Gefühle als „zweites Programm" laufen mit, einmal mehr, einmal weniger. Man freut sich, man ist enttäuscht, man hofft, man ist begeistert, man fühlt sich bedroht, bestätigt oder man hat das Gefühl, gerade angelogen und über den Tisch gezogen zu werden. Das wiederum aktiviert Reaktionsmuster, es wird jetzt etwas unternommen – und sei es nur körpersprachlich. Gefühle verdichten sich zu Impulsen, die im Guten wie im Schlechten Aktionen freisetzen. Es hat also nicht nur etwas mit Manipulation zu tun, wenn eine Führungskraft versucht, die Richtung zu beeinflussen, in der sich Gefühle bei den Mitstreitern entwickeln.

Im Übrigen: Gefühle können infektiös sein – sie stecken an.

- **Intellektuelles in Verbindung mit emotionalem Engagement**

Bei intellektuellem Engagement freut man sich über eine Idee, man ist von ihr sogar überzeugt. Diese kontemplative Phase führt leider nicht schon dazu, dass etwas unternommen und gehandelt wird. Wir brauchen einen „trigger", einen Auslöser, einen emotionalen Kick, was auch immer das dann ist. Wer sich gut kennt, weiß um seine Auslöser. Sie ändern sich, auch über Jahrzehnte hinweg, meistens nicht.

Fazit: Die Kombination aus emotionalem und intellektuellem Engagement sorgt dafür, dass etwas passiert, was sich später aber nicht als völliger Unsinn herausstellt.

- **Spirituelles Engagement**

Dieses geistige Commitment ist in einem kommerziellen Kontext erst selten anzutreffen, es klingt einigermaßen grenzwertig und nach „Sekte", setzt aber erfahrungsgemäß die meisten Energien frei. Man fühlt sich als Unternehmen letzten Endes einem höheren Wert, einer „Mission" gegenüber verpflichtet. Das erscheint abgehobener, als es tatsächlich ist.

- Die Mission des amerikanischen Pharma-Unternehmens Amgen lautet: Wir schlagen dem Tod ein Schnippchen.
- Cisco Systems: Wir benützen das Internet, um die Art und Weise zu verändern, wie wir arbeiten, leben, spielen und lernen.
- Nokia: Connecting people.
- Charles Schwab (amerikanischer Wertpapierbroker): Wir helfen unseren Investoren, ihr finanzielles Know-how zu entwickeln und zu verbessern.

Manchmal wird etwas erst klar, wenn vom Gegenteil ausgegangen wird. Wie wirken diese „mission statements" im Vergleich zu „Geiz ist geil" oder „Wir lassen uns nicht verarschen"?

4.2 Engagement und Zeitgeist

Über unterschiedliche Engagement-Ebenen hinaus stellt sich die Frage nach dem Angebot des Unternehmens, um brach liegendes Engagement zu wecken und freizusetzen.

Schlüsselfaktoren können dabei sein:

- Fachliche und menschliche Herausforderungen
- eine spannende Arbeit
- Entwicklungs- und Aufstiegsmöglichkeiten
- ein guter Chef
- die Zusammenarbeit mit großartigen Mitstreitern und Kollegen
- eine faire Bezahlung.

Dieser Wunschkatalog ist alles andere als neu, aber deswegen nicht falsch. Zudem gibt es eine Reihe von Organisationen, die froh wären, wenn diese Kriterien im Hause einigermaßen erfüllt wären. Trotzdem erinnert diese Auflistung noch leicht an die seligen Zeiten, als „Arbeitszufriedenheit" und die „Qualität des Arbeitslebens" große Themen waren. Das ist vorbei.

Aus einer ganz anderen Ecke weht der Wind, wenn man sich die Ergebnisse einer weltweiten FORTUNE-Studie aus dem Jahre 2004 ansieht. Was wollen Mitarbeiter wirklich?

- Ein Unternehmen, in dem alle erfolgsentscheidenden Funktionen professionell wahrgenommen werden.
- Die Strategie des Unternehmens ist in klare Aktionspläne und Zuständigkeiten übersetzt.
- Rollen und Verantwortlichkeiten sind transparent, so dass alle Beteiligten wissen, wo sie sich Informationen und Unterstützung holen können, um ihren Job effektiv machen zu können.
- Entscheidungskompetenzen und Prozesse sind klar geregelt.
- Die Unternehmensspitze umgibt sich auch mit Leuten, die gegen den Strich bürsten, vorherrschendes Denken in Frage stellen und herausfordern.
- Die Auswahl von guten Leuten und die Entwicklung von Talenten sind Chefsache, wofür deutliche Zeit investiert wird.
- Alle Leistungskennzahlen sind an die Business Strategie gekoppelt.

In Zeiten, in denen die Mitarbeiter nicht selten die einzigen und wahren Opfer von Missmanagement sind, lässt hier der engagiert-kompetitive Mitarbeiter grüßen. Unternehmen, die aus der Sicht ihrer Leute diese Kriterien erfüllen, sind internationale Spitzenreiter, die eine klare Vorstellung darüber haben, wo die Reise hingeht und die auf dem Weg von der Idee zur Realisierung, auch Strategieumsetzung genannt, den Fokus nicht verlieren und irgendwo abdriften.

In wieder einer anderen Liga spielen heute Mitarbeiter, die ganz andere Wertvorstellungen verfolgen:

- Eine Balance herstellen zwischen der Arbeit und anderen Aspekten des Lebens.

- Man will erstklassige Arbeit leisten, und das bei relativ hoher persönlicher Unabhängigkeit.

- Die Karriere auf der Überholspur verliert an Attraktivität, ruhigere, langfristigere und nachhaltigere Beiträge zum Erfolg der Organisation werden interessanter.

- Lernen ist angesagt, und zwar dann, wenn es auch dem persönlichen Wachstum hilft.

D.h., ständig neue Umsatz- und Ertragsrekorde aufzustellen, Übernahmeschlachten, Strategiekämpfe fördern bei derartig aufgestellten Mitarbeitern kein nachhaltiges Engagement. Gerade Frauen erkennen sich in derart typisch männlichen Spielen nicht mehr; aus der Unmöglichkeit, im Beruf nicht sie selbst sein zu können, wird irgendwann die Konsequenz gezogen. Großartige Talente verlassen das Unternehmen.

Darüber, was im konkreten Fall zählt, Karriere oder persönliches Wachstum, sollte nicht spekuliert werden. Man könnte sich ganz gewaltig irren. Nur ein ständiges Monitoring von Einstellungen hilft hier weiter.

4.3 Ein Befund

Die Gallup Organization führt jährlich Untersuchungen zum Engagement am Arbeitsplatz in Deutschland und in anderen Ländern durch. Hier die Ergebnisse; 2004 wird im Augenblick noch ausgewertet:

Von je 100 Arbeitnehmer/innen in Deutschland hatten/haben

	2001	2002	2003
hohe emotionale Bindung an den Job	16%	15%	12%
geringe emotionale Bindung	69%	69%	70%
keine emotionale Bindung, aktiv unengagiert	15%	16%	18%

(Basis: 2001 Befragte über 18 Jahren)

Mit einem Anteil von 12 Prozent von Mitarbeiter/innen mit einer hohen emotionalen Bindung rangiert Deutschland im Ländervergleich insgesamt im unteren Mittelfeld. Ein geringeres Engagement am Arbeitsplatz als hierzulande weisen lediglich die Länder Japan (9%), Frankreich (6%) und Singapur (4%) auf. Auf Amerika (30%) an der Spitze des Rankings folgen Kanada (24%), Israel (20%), Australien (18%) und Großbritannien (17%).

Engagement-Killer Nummer 1 ist weltweit schlechtes Management.
In Deutschland bedeutet das:

- Mitarbeiter wissen nicht, was von ihnen erwartet wird.
- Vorgesetzte ignorieren Mitarbeiter als Menschen.
- Mitarbeiter füllen Positionen aus, die ihnen nicht liegen.
- Meinungen und Ansichten der Mitarbeiter sind kaum gefragt.
- Es fehlt an Feedback, vor allem an Anerkennung.
- Das „Umfeld“ stimmt nicht.

Aufgrund der Eindeutigkeit der Ergebnissse wird darauf verzichtet, diese auch noch zu kommentieren.

4.4 Instrumente

Ob sich gute bzw. die „richtigen“ Leute in einer Organisation engagieren, wird von einer Vielzahl von mittelbar und unmittelbar wirkenden Faktoren beeinflusst. Erfolg und Reputation des Unternehmens, Ruf als Arbeitgeber, technologische Marktführerschaft, das smarte Auftreten des Unternehmens in der Öffentlichkeit beeinflussen mittelbar.

In kulturell traditionellen Unternehmen wird das langfristige Commitment gegenüber Mitarbeitern betont, von denen dann ihrerseits Loyalität erwartet wird. In diesem Zusammenhang stellen sich einige Fragen:

- Wie wird die relative Sicherheit des Arbeitsplatzes betont?
- Werden Mitarbeiter auch in schwierigen Zeiten offen informiert, evtl. beruhigt, und wird ihnen der Rücken gestärkt?
- Ist die Freisetzung von Mitarbeitern wirklich die allerletzte Alternative?
- Inwieweit wird fair bezahlt?
- Wie ist das Verhältnis von Offenheit und politisch bedingter Informationszurückhaltung?
- Was wird unternommen, um eine Atmosphäre wie in einer Familie oder wie in einer Sportmannschaft entstehen zu lassen?

In kulturell „modernen" Unternehmen läuft ein anderes Spiel. Das Unternehmen sorgt von der Qualifikation her für „employability", d.h., der Mitarbeiter bleibt für den Arbeitsmarkt attraktiv, ist aber ansonsten für seine Karriere selbst verantwortlich. Hier können folgende Fragen aktuell werden:

- Inwieweit ist die Work-Life-Balance ein Aspekt?
- Wie drückt sich in der Organisation eine ausgeprägte Aufstiegsorientierung aus?
- Gibt es eine klar definierte „pipeline" für den Aufstieg?
- Ist ein „fast track", ein schneller Aufstieg möglich?
- Gibt es attraktive Spezialisten-Laufbahnen für die Mitarbeiter, die nicht Manager werden wollen?
- Was wird von Seitwärtsbewegungen beim Aufstieg gehalten?
- Werden Chancen geboten, um sich zu profilieren, Außerordentliches zu leisten und sich zu bewähren?
- Werden Leistungen anerkannt und vom Topmanagement wahrgenommen?
- Inwieweit legen Mitarbeiter Wert auf Autonomie bzw. Selbstständigkeit?
- Inwieweit haben die Mitarbeiter das Gefühl, dass sie wachsen und sich entwickeln?

Alle diese Aspekte werden bestenfalls zweitrangig, wenn Anstrengungen in Richtung Engagement vom direkten Vorgesetzten sabotiert werden. Eine Führungskraft, die sich für Mitarbeiter nicht engagiert, tut damit nichts für die Einsatzbereitschaft ihrer Leute. Die Gallup-Ergebnisse sprechen eine deutliche Sprache und es entspricht der allgemeinen Lebenserfahrung, dass gute Mitarbeiter, die von sich aus gehen, damit häufig nicht so sehr ein bestimmtes Unternehmen verlassen, sondern einen miserablen Manager, der, aus der Spezialisten-Rolle kommend, bestenfalls als „angelernte" Führungskraft bezeichnet werden kann.

Die folgenden Mini-Strategien sind daher voll darauf ausgerichtet, vom direkten Vorgesetzten eingesetzt zu werden. Sie basieren auf folgenden Überlegungen:

- Die meisten Faktoren, die in der Summe zu Talent Engagement führen, können vom Manager unmittelbar beeinflusst werden. Sofern Sie Führungskraft sind: Sie zählen also!
- Engagement ist das Ergebnis unterschiedlicher und vielfältiger Einflussnahmen und Aktionen. **Den** Königsweg im Sinne eines simplen Rezepts gibt es nicht.
- Wohl wichtigstes Kriterium bei der Auswahl einer Mini-Strategie ist die Frage nach der Glaubwürdigkeit der Führungskraft in ihrer möglicherweise neuen Rolle gegenüber dem Mitarbeiter. Eine Führungskraft, die sich seit Jahren in ihrem Umfeld als Ekel profiliert hat, wird sich schwer tun.

4.4.1 Können Sie Mitarbeiter engagieren?

Der folgende Selbsttest ist **kein** messerscharfes psychologisches Instrument mit doppeltem Boden, Lügenscore usw.

Er soll Ihnen erste Hinweise geben, wo Sie ansetzen können, das Engagement Ihrer Mitarbeiter zu verbessern.

Sie können also ehrlich sein, denn „Nobody is perfect".

		Ja	Nein
1.	Ich gehe davon aus, dass die Mitarbeiter mir schon sagen werden, wenn sie mit ihrer Arbeit nicht zufrieden sind.	☐	☐
2.	Mitarbeiter-Engagement ist der Job von HR bzw. des Personalwesens.	☐	☐
3.	Wie Mitarbeiter mit ihrer Karriere vorankommen, ist ihre Sache, nicht meine.	☐	☐
4.	Ich gehe davon aus, dass die Mitarbeiter wissen, dass ich sie respektiere. Das muss ich ihnen nicht eigens zeigen.	☐	☐
5.	Mitarbeiter sollten es mir von sich aus sagen, wenn sie sich durch ihre Arbeit nicht herausgefordert fühlen.	☐	☐
6.	Ich denke, Mitarbeiter sollten ihr Privatleben zu Hause lassen. Hier geht es nur ums Geschäft.	☐	☐
7.	Über Beförderungen, förderliche Versetzungen sollte man nicht mit Mitarbeitern diskutieren, besonders dann, wenn es diese Alternativen im Augenblick gar nicht gibt.	☐	☐
8.	Ich stelle Leute hauptsächlich aufgrund ihrer fachlichen Kompetenz ein.	☐	☐
9.	Ich informiere Mitarbeiter nur über das, was sie für ihren Job wissen müssen.	☐	☐
10.	Ich bin hier, dass etwas passiert. Mitarbeiter müssen mich nicht unbedingt mögen.	☐	☐
11.	Ich arbeite nicht, um Spaß zu haben.	☐	☐
12.	Mitarbeiter werden mir abspenstig gemacht, wenn ich sie mit anderen Leuten im Unternehmen bekannt mache.	☐	☐
13.	Für Mentoring habe ich eigentlich weder die Zeit noch den Nerv.	☐	☐
14.	Ich habe nur eine ungefähre Idee, was es kostet, einen talentierten Mitarbeiter zu ersetzen.	☐	☐
15.	In meiner Abteilung sammle bzw. horte ich gute Mitarbeiter.	☐	☐

		Ja	Nein
16.	Wir können uns nicht den Luxus leisten, dass wir das, was wir tun, immer auch lieben.	☐	☐
17.	Gute Arbeit belohnt sich selbst.	☐	☐
18.	Ich habe den Eindruck, dass die Arbeit nicht richtig gemacht wird, wenn ich die Details nicht kontrolliere.	☐	☐
19.	Ich vermeide es, so gut es geht, Mitarbeitern negatives oder korrigierendes Feedback zu geben.	☐	☐
20.	Meistens bin ich zu beschäftigt, um anderen gut zu zuhören.	☐	☐
21.	Wertvorstellungen diskutiere ich nicht besonders gern. Das sollen die Mitarbeiter mit sich selbst ausmachen.	☐	☐
22.	Generationsunterschiede spielen am Arbeitsplatz keine Rolle.	☐	☐
23.	Mitarbeiter sollten normalerweise warten, bis ich ihnen sage, was sie zu machen haben.	☐	☐
24.	Engagement und Mitarbeiterbindung sind eigentlich keine kritischen Management- oder Leadership-Aufgaben, für die man viel Zeit aufwenden sollte.	☐	☐

Auswertung

1. Bitte zählen Sie Ihre Ja- und Nein-Antworten zusammen.
2. Wenn die Nein-Antworten die Ja-Antworten überwiegen, sind Sie eher auf der sicheren Seite. Sie tun etwas bzw. Sie bringen gewisse Voraussetzungen mit, um am Engagement Ihrer Leute zu arbeiten.
3. Überwiegen dagegen die Ja-Antworten, dann wartet Arbeit auf Sie.
4. Was steckt hinter den Ja-Antworten? Wenn Sie einmal, auch wenn es Ihnen nicht liegt, psychologisch spekulieren? Was sind die Ursachen?
   - Erhebliche Distanz zum Mitarbeiter?
   - Ich bin nicht das Kindermädchen meiner Leute?
   - Mich interessiert Leistung; Wehwehchen, persönliche Probleme u.ä. interessieren mich nicht?
   - Schließlich arbeiten wir wohl alle, weil wir finanziell über die Runden kommen wollen?

4.4.2 Sind Ihre Mitarbeiter engagiert?

Mit dem folgenden Fragebogen soll erhoben werden, **inwieweit** das Mitarbeiter-Engagement vor Ort aktiv unterstützt wird. Wie erleben Mitarbeiter und sonstige Mitmenschen, die einen Vorgesetzten haben, die Qualität ihres Arbeitsplatzes und das Niveau, auf dem sie geführt werden?

	Ja/ Ich stimme überein				Nein/ Ich stimme nicht überein
	1	2	3	4	5
1. Weiß ich, was von mir bei der Arbeit erwartet wird?	☐	☐	☐	☐	☐
2. Habe ich die Ressourcen, die Einrichtungen und die IT-Unterstützung, die ich brauche, um meine Arbeit wirksam auszuführen?	☐	☐	☐	☐	☐
3. Habe ich bei der Arbeit die Möglichkeit, das zu tun, was ich am besten kann?	☐	☐	☐	☐	☐
4. Habe ich in der vergangenen Woche Anerkennung oder Lob für gut getane Arbeit erhalten?	☐	☐	☐	☐	☐
5. Kümmern sich mein Vorgesetzter oder andere Führungskräfte im Unternehmen um mich als Person?	☐	☐	☐	☐	☐
6. Fördert jemand im Unternehmen meine Entwicklung?	☐	☐	☐	☐	☐
7. Zählen meine Ansichten bei der Arbeit?	☐	☐	☐	☐	☐
8. Vermittelt mir das Leitbild / der Zweck des Unternehmens den Eindruck, dass meine Arbeit wichtig ist?	☐	☐	☐	☐	☐
9. Setzt sich mein Umfeld (Mitarbeiter, Kollegen u.ä.) für Qualitätsarbeit ein?	☐	☐	☐	☐	☐
10. Habe ich einen besten Freund bei der Arbeit?	☐	☐	☐	☐	☐
11. Hat in den vergangenen sechs Monaten jemand mit mir über meine Fortschritte bei der Arbeit gesprochen?	☐	☐	☐	☐	☐
12. Habe ich im vergangenen Jahr die Möglichkeit gehabt, bei der Arbeit zu lernen und zu wachsen?	☐	☐	☐	☐	☐
13. Kann ich im Unternehmen offen meine Meinung sagen?	☐	☐	☐	☐	☐

14. Kann ich von meinem Vorgesetzten als Persönlichkeit lernen? ☐☐☐☐☐

Anmerkungen zur Auswertung

Anonym erhobene Mitarbeiter-Daten lassen sich zu einem Gesamtprofil pro Führungskraft, Gruppe, Abteilung u.ä. zusammenfassen. Dieser Überblick gibt erste Hinweise, wo der Hebel in Richtung Engagement angesetzt werden sollte. So kann sich herausstellen, dass vor allem Arbeitsinhalte als langweilig und unterfordernd erlebt werden. Maßnahmen in Richtung Job Enrichment werden dann interessant. Andererseits kann sich ergeben, dass sich die Mitarbeiter in mehr als einer Beziehung allein gelassen und vernachlässigt vorkommen. Die Entwicklung eines besseren Kontakts zwischen Führungskraft und Mitarbeitern müsste dann im Mittelpunkt aller Bemühungen stehen, um eine miese und demotivierende Stimmung zu wenden.

Befragungen mit diesem Fragebogen zeigten in der Vergangenheit, dass die Abweichungen innerhalb eines Unternehmens größer sind als zwischen verschiedenen Unternehmen. Die Einheitskultur in einem Unternehmen bleibt also weiter eine Illusion.

Hervorzuheben ist weiterhin, dass in den Abteilungen oder Unternehmensbereichen, in denen mehr als 75% der Mitarbeiter die vierzehn Fragen zustimmend beantworten, der Turnover signifikant unter dem der Abteilungen und Unternehmensbereiche liegt, in denen die Zustimmung nur 25% beträgt. In den gut geführten Abteilungen und Unternehmensbereichen sind außerdem die Produktivität, die Kundenloyalität und der Beitrag zur Wertsteigerung signifikant höher als in schlecht geführten Abteilungen.

4.4.3 Wie wirken Sie auf Mitarbeiter?

Das **Verhalten** der Führungskraft ist der Schlüssel zum Engagement der Mitarbeiter. Zahlreiche Untersuchungen aus den letzten Jahren zeigen, das **Verhalten** des eigenen Vorgesetzten ist entscheidend für Engagement und Bindung.

Was kann man hier alles falsch machen, was kommt nicht gut an?

Kotzbrocken-Test

Beurteilen Sie Ihr Verhalten auf einer Skala von 0–5.

0 bedeutet, dass Sie sich **nie** so verhalten, 5, dass Sie sich **oft** so verhalten.

	0–5
• Andere einschüchtern	________
• Von oben herab behandeln und abwerten	________
• Arrogant sein	________
• Anerkennung zurückhalten	________
• Türen schlagen, auf den Tisch hauen	________
• Fluchen	________
• Andere vor Publikum lächerlich machen	________
• Andere wie Anfänger behandeln (micromanage)	________
• „Ich bin der Größte“	________
• Hauptsächlich negatives Feedback	________
• Andere anschreien	________
• Lügen und Halbwahrheiten erzählen	________
• Sich über Regeln und Vorschriften hinwegsetzen	________
• Sich daran ergötzen, andere ins Schwitzen zu bringen	________
• Sich überlegen und intelligenter als alle anderen aufführen	________
• Respektlosigkeit	________
• Wesentliche Informationen zurückhalten	________
• Kaputter, zynischer Humor	________
• Dinge übertreiben	________
• Jeden Satz mit „ich“ anfangen	________
• Andere im Dunkeln halten, Lob und Anerkennung selbst einheimsen	________
• Karriere von Mitarbeitern blockieren	________
• Misstrauen	________

	0–5
• „Lieblinge“ bevorzugen	________
• Andere auf persönlicher Ebene kritisieren	________
• Sarkasmus übertreiben	________
• Andere absichtlich ignorieren oder isolieren	________
• Unmögliche Ziele und Termine setzen	________
• Nie etwas zugeben; schuld sind immer andere	________
• Autorität anderer untergraben	________
• Vertrauen bzw. Vertraulichkeit missbrauchen	________
• „Tratschen“ und Gerüchte verbreiten	________
• Sich so verhalten, als ob andere blöd wären	________
• Launen	________
• Mit Angst andere motivieren wollen	________
• Rachsüchtig	________
• Andere ständig unterbrechen	________
• Blöde Bemerkungen machen	________
• Nicht zuhören können	________
• Ungeduld	________
• Immer Perfektion verlangen	________
• Versprechungen nicht einhalten	________
• Mit Unterstellungen arbeiten	________
• Immer in Kontrolle sein wollen	________
Summe	________

Auswertung

0–20 Punkte	Sie haben zwar manchmal einen schlechten Tag, aber Sie werden nicht als Kotzbrocken gesehen. Passen Sie auf die Verhaltensweisen auf, die Sie mit 3 und höher bewertet haben. Holen Sie sich von Ihren Leuten mehr Feedback.

21–60 Punkte	Vorsicht! Einige, nicht alle, sehen Sie eher als unangenehmen Zeitgenossen. Kümmern Sie sich darum. Setzen Sie mindestens zwei der hier beschriebenen Strategien um.
61 oder mehr	Sie sind drauf und dran, das Engagement Ihrer Leute zu zerstören. Holen Sie sich mehr Feedback und nehmen Sie sich einen Coach – aber nur, wenn Sie aus der Kotzbrocken-Rolle wirklich herausgehen wollen.

Sollten Sie auf 0 Punkte gekommen sein, dürfen Sie auf Ihre baldige Heiligsprechung hoffen.

Oder Sie leiden unter gewaltigen blinden Flecken.

Für Mutige: Geben Sie den Kotzbrocken-Test Ihren Leuten. Die Ergebnisse einer anonymen Beantwortung könnten interessant sein.

4.4.4 Wie wird ein Kontakt- und Orientierungsgespräch mit dem Mitarbeiter geführt?

Neben greifbaren Ergebnissen ist es Ziel dieses Gesprächs, den Mitarbeiter in den Prozess seiner Entwicklung voll zu integrieren, zu aktivieren und ihn auch zu fordern. Gleichzeitig etabliert sich der Vorgesetzte als wichtiger Gesprächspartner.

Unternehmen, die den Ehrgeiz ihrer Leute ignorieren, brauchen sich über fehlendes Engagement nicht zu wundern.

Gründe, dieses Gespräche **nicht** zu führen:

- Kein Mensch, auch ich nicht, kennt die Zukunft.
- Das Timing für ein solches Gespräch stimmt nicht.
- Ich bin auf so etwas nicht vorbereitet.
- Ich wüsste nicht, was ich sagen sollte.
- Wir haben gerade umorganisiert. Es wird eine Weile dauern, bis wir uns wieder über Laufbahn- und Karrieremöglichkeiten unterhalten können.
- Ich würde nie in ein derartiges Gespräch gehen, wenn ich von vornherein weiß, dass ich nicht konkret werden kann und Antworten schuldig bleiben muss.

- Ich weiß einfach zu wenig darüber, was außerhalb unserer Abteilung los ist.
- Ich möchte mich nicht blamieren, wenn ich Erwartungen nicht erfüllen kann.
- Warum soll ich helfen? Mir hat auch nie jemand geholfen.

Stufen eines Kontakt- und Orientierungsgesprächs:

Stufe 1: **Talenterkennung**

Fragen an den Mitarbeiter:

- Worauf sind Sie beruflich gesehen besonders stolz?
- Was ist Ihnen besonders wichtig? Was ist für Sie im Job absolut unverzichtbar? Welche Wertvorstellungen müssen erfüllt sein?
- Wenn Sie die Wahl hätten, sich auf Menschen, Daten, Sachen oder Ideen zu konzentrieren, welche Mischung wäre die richtige für Sie? Warum?

Stufe 2: **Ihre Perspektive und Feedback**

Fragen, die sich die Führungskraft **vor** dem Gespräch mit dem Mitarbeiter beantworten sollte:

- Auf welche Aufgaben sollte sich der Mitarbeiter vor allem konzentrieren, um seinen Beitrag zur Gesamtleistung zu verbessern?
- Ausgehend von der letzten Beurteilung, wo liegt im Wesentlichen das Potenzial des Mitarbeiters?
- Welchen Ruf hat der Mitarbeiter bei seinen Kollegen?
- Wie werde ich das Gespräch anfangen?

Stufe 3: **Diskussion von Trends**

- Welche wirtschaftlichen, politischen und gesellschaftlichen Veränderungen werden den größten Einfluss auf uns als Unternehmen haben?
- Damit zusammenhängende Chancen und Probleme?
- Was wird sich in unserem „Geschäft“ ändern?

- Wie wird das unseren Job in den nächsten zwei bis fünf Jahren beeinflussen?
- Was ist für den Erfolg unserer Organisation wirklich wichtig?
- Wie und wo können wir uns über Trends besser informieren?

Stufe 4: **Aktuelle berufliche Optionen**

Fragen an den Mitarbeiter:

- Haben Sie genug Informationen über die Entwicklungsmöglichkeiten im Unternehmen, um für sich realistische Laufbahnziele aufstellen zu können?
- Wie kommen Sie an diese Informationen heran?
- Macht es Sinn, sich auf **eine** Option einzuschießen?
- Inwieweit sind Ihre Ziele vereinbar mit der Ausrichtung und Entwicklung des Unternehmens?

Stufe 5: **Gemeinsame Aktionsplanung**

Im Gespräch mit dem Mitarbeiter:

- Was müssten Sie dazulernen, um Ihr Ziel zu erreichen?
- Welche Fähigkeiten haben Sie schon?
- Wen kennen Sie, der Ihnen eine Tür öffnen könnte?
- Was kann ich als Ihr Chef tun?
- Welches Training, welche Entwicklungsmaßnahmen stellen Sie sich vor?
- Welche derzeitigen on-the-job-Maßnahmen kommen in Frage?
- Welche Hindernisse könnten auftauchen?
- Wie können wir diese Hindernisse umgehen?

4.4.5 Wie kann Job Enrichment umgesetzt werden?

Das Konzept des Job Enrichment ist nicht neu (Frederik Herzberg in den 70er-Jahren). Ziel ist der Abbau von Langeweile, Routine und Unterforderung. Arbeitsinhalte werden so verändert, dass Herausforderung, Spannung und Möglichkeiten zu persönlichem Wachstum zunehmen.

Schlüsselfragen an den Mitarbeiter:

- Was in Ihrem Job erleben Sie als Herausforderung? Was lohnt Ihren Einsatz?
- Welche Fähigkeiten setzen Sie ein?
- Welche Talente liegen brach?
- In welchen Fällen bzw. Situationen würden Sie gerne mehr Verantwortung übernehmen?
- Was würden Sie gerne in den nächsten drei bis fünf Jahren tun?
- Was sollte bzw. könnte sich bei Ihrem Job ändern?

Generelle Möglichkeiten des Job Enrichment bzw. der Arbeitsbereicherung:

✶ Größere Autonomie, d.h. mehr Möglichkeiten, den Job selbst zu steuern und zu bestimmen, mehr Unabhängigkeit und Selbstverantwortung

✶ Mehr direktes Feedback von Kunden, Kollegen und von der Führungskraft

✶ Stärkere Einbindung in die Entscheidungsfindung, **bevor** Entscheidungen endgültig getroffen werden

✶ Mehr Möglichkeiten zur Zusammenarbeit mit Kollegen innerhalb und außerhalb der eigenen Abteilung

✶ Mehr Abwechslung bei der Arbeit

✶ Mehr Einflussmöglichkeiten

✶ Direkter Kontakt mit Kunden, um ihre Probleme und Meinungen besser kennenzulernen

✶ Über das Bestehende hinaus neue Herausforderungen und Chancen, etwas Neues zu lernen

✶ Viele Maßnahmen im Sinne von Job Enrichment stimmen auffallend mit Schritten überein, die im Rahmen des Process Reengineering unternommen werden.

Hier einige Beispiele:

- Arbeitsteilige Aufgaben und Verantwortungen werden in **einem** Job zusammengefasst.
- Mitarbeiter treffen mehr Entscheidungen; das ist jetzt Bestandteil ihres Jobs.

- Prozess-Schritte entsprechen der natürlichen Abfolge der Arbeitsschritte, um Pausen und sonstige Wartezeiten zu vermeiden.
- Die Arbeit wird da erledigt, wo es Sinn macht und das höchste Knowhow vorhanden ist.
- Kontrollen werden reduziert, zusammengefasst oder aufgehoben.

Fazit: Job Enrichment bedeutet nicht, die Dinge auf den Kopf zu stellen. Evtl. schon kleine Veränderungen des Arbeitsinhalts führen zu einem höheren Engagement.

4.4.6 Wie kann die Mentor-Rolle wahrgenommen werden?

Damit sind nicht großartige, unternehmensweit installierte Programme gemeint, sondern das, was vor Ort durch den direkten Vorgesetzten unternommen werden kann.

Basisstrategien eines Mentors:

Modellieren	Werden Sie sich darüber klar, dass Sie als Rollenmodell für Ihre Leute fungieren. Wichtig dabei ist, dass nicht so sehr zählt, was Sie sagen oder verlautbaren, sondern das, was Sie tatsächlich tun, wie Sie sich von anderen beobachtbar verhalten.
Ermutigen	Ermutigen Sie Mitarbeiter, Risiken zu übernehmen, die ihre Entwicklung unterstützen. In diesem Zusammenhang 3 praktische Schritte einer Führungskraft: 1. Registrieren von Leistung, aber auch Problemen: Was kriegen Sie mit? 2. Verbalisieren: Was sagen Sie jetzt? 3. Mobilisieren: Was machen bzw. unternehmen Sie?
Unterstützen	Helfen Sie Ihren Leuten praktisch, setzen Sie sich mit ihnen zusammen, um Fähigkeiten, Kompetenzen und Talente im Alltag noch besser zum Tragen zu bringen.
Orientieren	Einführen der Mitarbeiter in die häufig ungeschriebenen Normen und Regeln im Unternehmen: Wo z.B. sind die Minenfelder?

Tagesordnungspunkte für ein Gespräch mit Mitarbeitern:

- Worauf kommt es in diesem Unternehmen wirklich an? Was haben Sie da gelernt?
- Welche Erfolge und Misserfolge haben Ihnen geholfen, besser ins Unternehmen hineinzuwachsen und sich zu entwickeln?
- Was hat Sie bei der vorherrschenden Unternehmenskultur am meisten überrascht?
- In welchen Fällen fiel es besonders schwer, sich an Usancen und den vorgegebenen Rahmen anzupassen?
- Wofür wird man hier bestraft, was muss man tun, um in wirklich ernsthafte Schwierigkeiten zu geraten?
- Was wissen Sie heute, das Sie besser schon viel früher gewusst hätten?
- Was hat sich für Sie beruflich vor allem qualitativ in den letzten 12 Monaten geändert?

4.4.7 Haben Sie ein Gespür für Chancen?

Mitarbeiter verlassen auch heute noch ein Unternehmen, weil sich ihnen woanders bessere Möglichkeiten bieten. Natürlich sind Sie als direkter Vorgesetzter nicht allein verantwortlich für die Karriere Ihrer Leute. Aber Sie können dabei helfen, dass **Chancen und Möglichkeiten erkannt** werden.

Selbsttest „Gespür für Chancen“

Haben Sie eine Nase für sich eröffnende Chancen? Inwieweit treffen die folgenden Aussagen auf Sie zu?

[1] = Selten

[2] = Manchmal

[3] = Normalerweise ja

[4] = Immer

Ich habe keine Schwierigkeiten, mich mit den Ansichten und Meinungen anderer auseinander zu setzen. ________

Um die Produktivität zu verbessern, suche und setze ich neue Technologien ein. __________

Ich kenne die Trends auf dem Markt; ich weiß, was der Wettbewerb tut. __________

Ich halte mich fachlich auf dem Laufenden. __________

Meine eigene Karriere unterstütze ich durch das Wahrnehmen von Kontakten und sonstigem Networking. __________

Ich bin flexibel bei meinen Plänen, auch wenn der erste oder zweite Anlauf danebengeht. __________

Bei Regelungen und sonstigen Anordnungen die „Grauzonen" zu interpretieren, macht mir keine Mühe. __________

Über meine Laufbahninteressen informiere ich andere auf offiziellen und inoffiziellen Kanälen. __________

Ich weiß, wie man sich einen Reim macht auf bestimmte Ereignisse, bestimmte Informationen und Rückschlüsse auf bestimmte Personen. Andere bitten mich um Hilfe, wenn es darum geht, an gewisse Informationen und Kontakte heranzukommen. __________

Auswertung

- ✶ Liegen Sie über 27 Punkten, sind Sie jemand, der nachhaltig die Nase im Wind hat. Sie haben nicht nur eine Antenne für Chancen; Sie nehmen Chancen auch aktiv wahr
- ✶ Bei 18 und weniger Punkten ist das Erkennen von Möglichkeiten noch nicht Bestandteil Ihres Selbst-Managements. Es dürfte Ihnen schwerfallen, Mitarbeiter in dieser Richtung zu beraten. Vielleicht ist etwas bei den folgenden Vorschlägen für Sie dabei.

Schritte, um ein Gespür für Chancen zu entwickeln und zu nutzen:

Möglichkeiten suchen:

- Fragen Sie Ihre Mitarbeiter, nach welchen Chancen sie suchen.
- Machen Sie ein Brainstorming mit Ihren Leuten über evtl. noch nicht offensichtliche langfristige Möglichkeiten.

- Diskutieren Sie Alternativen, wie Job Enrichment stärker zum Zuge kommen kann.
- Sprechen Sie mit Kollegen über sich abzeichnende Trends im Unternehmen.

Möglichkeiten erkennen:

- Was tut sich, was ändert sich in Ihrer Abteilung, in Ihrem Bereich, in Ihrem Unternehmen?
- Welche Projekte zeichnen sich am Horizont ab?
- Welche Abteilungen expandieren, schrumpfen oder fallen ganz weg?
- Welche absehbaren personellen Veränderungen sind in der Pipeline?

Möglichkeiten ergreifen:

- Wenn Ihre Mitarbeiter keine Aktionspläne darüber entwickeln, wie sie beruflich vorankommen, helfen Sie ihnen dabei.
- Wenn Mitarbeiter sich nicht an ihre eigenen Pläne halten, diskutieren Sie mit ihnen darüber. Vielleicht können Sie etwas tun.
- Helfen Sie Ihren Mitarbeitern dabei, Risiken realistisch einzuschätzen. Was ist an den Argumenten risikoscheuer Kollegen und sonstiger Bedenkenträger wirklich dran? Risiken sind häufig nicht so lebensbedrohlich, wie sie im Augenblick erscheinen.

Fazit: Jemand, der eine offensichtliche Chance nicht wahrnimmt, verhält sich genauso wie jemand, der diese Möglichkeit ergriffen hat und dabei gescheitert ist.

(*William James*)

5. Talent Management: Integration von Business und Talent Strategie

In Fachmann-Kulturen besteht eine gewisse Neigung, in Methoden-Fallen zu tappen. Man hat ein Problem zwar noch nicht ganz verstanden, aber man kennt die Methode, um es zu lösen. Darauf ist man schließlich getrimmt. Nicht selten entpuppt sich die so gefundene „Lösung" als das eigentliche Problem. Statt einmal einen klaren Gedanken zu fassen, wird auf der Basis von fachlichem Klein-Klein an Symptomen herumkuriert, ohne das Problem zu lösen. Diejenigen, die davon profitieren, dass das Problem nicht wirklich gelöst wird, haben wieder einmal gewonnen.

Um dies vielleicht doch einmal zu verhindern, folgt ein kurzer Talent-Management-Check, der sich an der Abb. 4 orientiert.

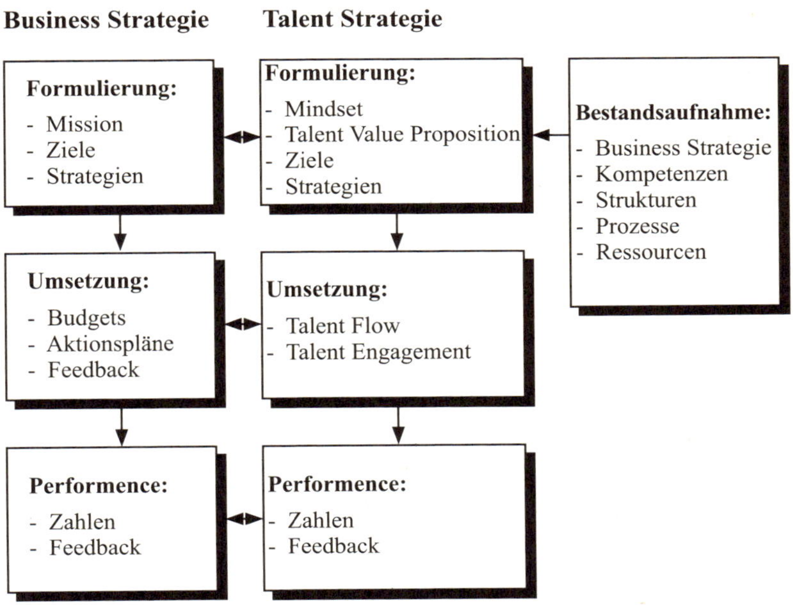

Abb. 4: Talent Management

5.1 Bestandsaufnahme

Business Strategie: Wie kann die Business Strategie hinterfragt und in Talent-Strategie-Aktionen übersetzt werden?

- Was wird im Unternehmen als Talent definiert?
- Welcher Verhaltens- und Kompetenzen-Mix treibt die Business Strategie?
- Was wird unternommen, um auf der Talentebene Hindernisse im weitesten Sinne aus dem Weg zu räumen?

Kompetenzen: Welche Kompetenzen sind nötig, die Business Strategie zu realisieren?

- Welche Work-Level-Kompetenzen, die definiert sind durch Abteilungen, Jobs und Prozesse, sind vorhanden?
- Welche Business-Level-Kompetenzen gibt es, die dadurch charakterisiert sind, dass sie auf Kunden ausgerichtet sind und erkennbar den Nutzen der Kunden mehren?

Strukturen: Inwieweit unterstützt die Strukturorganisation die Umsetzung der Business Strategie?

- Wie zentral bzw. dezentral werden Talent Strategien und entsprechende Initiativen umgesetzt?
- Konzentrieren sich Talent Strategien auf bestimmte Projekte oder auf bestimmte Rollen und Funktionen wie z.B. Führungskräfte?

Prozesse: Tragen Prozesse und Systeme innerhalb von HR dazu bei, die Business Strategie umzusetzen?

- Welche Prozesse sind besonders kritisch?
- Welche Prozesse bedürfen der größten Aufmerksamkeit und eines ständigen Monitoring?
- Stellen vorhandene Prozesse eine gute Ausgangsbasis für Talent-Strategie-Aktivitäten dar?

Ressourcen intern: Hat das Unternehmen einen Überblick über die in ihm vorhandenen Talente?

- Wie leicht ist es, Talente, die schon an Bord sind, zu identifizieren?
- Inwieweit gibt es Mechanismen, die über Talente „Schnappschüsse" liefern, die im Falle eines Falles über persönliche Interviews oder Fokus-Gruppen vervollständigt und differenziert werden können?

Ressourcen extern: Kann genügend Talent auf dem externen Markt rekrutiert werden, um die Business Strategie umzusetzen?

- Wo kommen die wichtigen und richtigen Talente her?
- Und wenn sie wieder gehen, wo gehen sie hin?

5.2 Talent Strategie Formulierung

Mindset: Inwieweit gehört zur gelebten Unternehmenskultur die Überzeugung bzw. der Glaube an den Wert von Talenten?

- Inwieweit wird verstanden, dass die Umsetzung von Talenten im weitesten Sinne Hand in Hand geht mit der Realisierung von Business Strategien?
- Was wird unternommen und durch wen, um diese Sichtweise im Unternehmen zu fördern?
- Inwieweit gibt es
  - Policies,
  - Prozesse
  - Ressourcenzuteilungen und
  - Aktionen,

die einer Talent-Orientierung entgegenstehen?

Talent Value Proposition: Gibt es ein kurzgefasstes Motto, einen Appell, ein Angebot, aus dem hervorgeht, für wen das Unternehmen auf dem Arbeitsmarkt attraktiv sein will?

- Welche, vom Wettbewerb differenzierenden Stärken, die zugleich einen Hinweis auf Kundennutzen darstellen, bieten sich im Sinne einer Talent Value Proposition an?
- Wie wird das Image als Arbeitgeber geschärft?

Ziele und Strategien:

- Was soll bei der Talent Strategie herauskommen? Welche Ziele hat sie?
- Wie positioniert sich das Unternehmen am Markt?
- Wie wird der Arbeitsplatz im Unternehmen auf dem externen Talent-Markt positioniert?

Alignment von Business und Talent Strategie:

Wie werden beide miteinander verknüpft?

- Horizontale Verknüpfung?
- Vertikale Verknüpfung?

5.3 Umsetzung

Talent Flow: Inwieweit unterstützt eine umfassende Personaldisposition die Business Strategie?

- Welche Rolle spielt das Internet?
- Gibt es Kompetenz-Modelle?
- Wie wird „Erfolg" auf einen bestimmten Job definiert?
- Welche Rolle spielt das Binden von Mitarbeitern (talent retention)?
- Stimmt es, dass die Mitarbeiter, die man unbedingt halten will, am wahrscheinlichsten gehen?

Talent Engagement: Wie engagiert sich das Unternehmen, wie engagieren sich die Führungskräfte vor Ort, um das Engagement der Mitarbeiter zu stärken?

- Ist die (kleine) Gruppe der High-Potentials identifiziert?

- Ist die (größere) Gruppe sonstiger Talente identifiziert?
- Was läuft an Entwicklungsmaßnahmen?
- Wie verteilen sich on- und off-the-job-Maßnahmen?
- Inwieweit ist das Top-Management involviert?

5.4 Performance

Zahlen und Feedback: Wie können die Ergebnisse von Talent Management gemessen werden?

- Quantitative und qualitative Ergebnisse?
- Strategische und operative Verbesserungen?

5.5 Typische Ergebnisse eines Talent-Management-Projekts

✶ Senior Manager erkennen, dass Talent Management integraler Teil ihres Jobs ist.

✶ Gewachsenes Bewusstsein, die besten Leute so lange wie möglich zu halten.

✶ Da gute Leute sich zunehmend über ihre Teamzugehörigkeit definieren, wurden einige Aktionen und Events organisiert, um das Vertrauen und den Zusammenhalt von Gruppen zu stärken.

✶ Mitarbeiter werden tendenziell da eingesetzt, wo sie ihren Job als optimale Herausforderung erleben und ihre Skills weiterentwickeln.

✶ Es wurde sichergestellt, dass Mitarbeiter mehr Kontrolle über ihren Job haben und eigene Ideen verfolgen können.

✶ Wir haben das Risiko im Blick, dass Kreative häufig ihr Hauptaugenmerk darauf richten, nicht im Job, sondern beim Organisieren von Ressourcen kreativ zu sein.

✶ Wir senden die richtigen Signale aus und befördern auch Querdenker und andere unangepasste, aber hochkreative Mitmenschen.

6. Ausblick

Es gibt zwar im Augenblick keine „talent wars", aber sie werden wieder kommen, nur diesmal auf globaler Ebene. Die Zahl der Unternehmen, die Talente und Nachwuchs auch über die eigenen Landesgrenzen hinaus suchen, wird zunehmen. Eine seit Jahren lahmende Binnenkonjunktur mit einer sinkenden Bedeutung des Marktes „Deutschland" beschleunigt diese Entwicklung. Die deutsche Wirtschaft ist nicht umsonst „Exportweltmeister".

Wo wird das hinführen? Global erkennbar sind drei Trends, die vor dem Hintergrund der deutschen HR-Realität, um es noch sozialverträglich zu formulieren, einigermaßen avantgardistisch und wirklichkeitsfremd klingen werden:

Talente als Investoren

Mitarbeiter als Humankapital zu verstehen, das man „besitzt", wird sich langsam, aber sicher als eine überholte Vorstellung entpuppen. Beständige Erschütterungen des Arbeitsmarkts und eine nicht nur in Deutschland um sich greifende Unsicherheit und Angst um den Arbeitsplatz werden zu einer größeren individuellen Verantwortung für die eigene Zukunft führen. Jenseits der in Deutschland seit Jahrzehnten mit großer Inbrunst geführten sozialpolitischen Diskussionen stellen sich die Fragen, die nur noch der Einzelne für sich selbst beantworten kann:

- Wie bleibe ich für den Arbeitsmarkt attraktiv?
- Bin ich wirklich bereit, in dieses Unternehmen Zeit und Energie zu investieren?
- Was, und zwar im weitesten Sinne des Wortes, bekomme ich dafür?

Ähnlich einem Investor, sofern nicht Spekulant, der sich genau überlegt, von welchem Unternehmen er Aktien kauft, gibt es auf dem Talent-Markt inoffiziell längst „Kursnotierungen" für viele Organisationen und eine entsprechende Marktkapitalisierung.

Globale Ausrichtung

Global aufgestellt zu sein, lässt sich leicht behaupten. Doch wie global ist HR wirklich?

- Ist das Leadership-Potenzial vorhanden, um auf „emerging markets“ zu gehen, bevor der Wettbewerb da ist?
- Mit welcher Beweglichkeit und Leichtigkeit werden geographische Grenzen von Talenten tatsächlich überschritten?
- Wie effektiv bewegt man sich in unterschiedlichen Kulturen?
- Ist das Top-Management international besetzt, um auch von daher den globalen Anspruch zu untermauern?

Global einsetzbare Leadership-Talente unterscheiden sich durch einige Merkmale, die im Stammhaus eines Unternehmens kaum eine Rolle spielen:

- **Neugier:** Lernagilität bedeutet in diesem Kontext, Unterschiede zum bisher Gewohnten als Herausforderung aufzufassen, ständig Neues dazulernen.
- **Charakter:** Damit ist u.a. die Fähigkeit gemeint, mit anderen emotional zu kommunizieren, obwohl man vielleicht noch nicht deren Kultur kennt oder ihre Sprache spricht. Auch gilt es, die eigene Integrität zu bewahren, auch wenn die faktische und soziale Disziplinierung und Kontrolle wie im Stammhaus z.T. entfällt.
- **Dualität:** Zwischen der Kultur, in der man sozialisiert wurde, und der eines anderen Landes werden zwangsläufig immer wieder Spannungen entstehen. Globale Leader sehen darin einen belebenden Aspekt der Realität.
- **Geschäftssinn:** Globale Leader brauchen unternehmerischen Drive, müssen mehr wissen und sollten die Fähigkeit haben, sich in einem fremden Umfeld schnell zurechtzufinden, zügig herauszubekommen, „was gespielt wird“, um dann Fuß zu fassen. Bei Unsicherheiten vor Ort auf die ursprüngliche Spezialisten-Rolle zurückzugreifen, dürfte in aller Regel wenig weiterführend sein. Andererseits kann nicht auf Spezialisten zurückgegriffen werden, weil das zu umständlich oder aufgrund von Zeitunterschieden kaum machbar ist. Über Sprachkenntnisse, Sensibilität für andere Kulturen, Kenntnis der gesetzlichen Rahmenbedingungen u.ä. hinaus kommt es darauf an, Grundzüge vieler betrieblicher Funktionen wie Buchhaltung, Marketing, HR, Operations u.ä. zu kennen.

Unternehmenskultur als Richtschnur

Kultur kann als gemeinsam getragenes Wertsystem in einem Unternehmen definiert werden. Da es immer unmöglicher wird, alle auftretenden Situationen und Eventualitäten im Vorhinein zu regeln, nimmt die Bedeutung einer offenen, starken und eindeutigen Unternehmenskultur zu. Im Idealfall vermittelt sie, was in einem konkreten Fall als angemessenes Verhalten gilt.

Ein „Leitbild", das vielerorts mit großem Aufwand entwickelt wurde, spielt dabei eine untergeordnete Rolle. Was zählt, ist das, was vorgelebt wird, was umgesetzt wird.

Und damit schließt sich der Kreis. Talent Management als schnell welkende Blüte im Knopfloch oder Neuausrichtung von HR? Untersuchungen zeigen, dass eine Reihe von deutschen Unternehmen mit wieder ausbrechenden Talent-Kriegen in Zukunft rechnet, dass die Identifikation und Bindung von Talenten im Ranking zukünftig strategisch wichtiger HR-Themen die ersten Plätze einnehmen. Nachdem es Jahre lang hauptsächlich um Kostensenkungen gegangen ist, könnte sich wieder ein qualitatives Moment, nämlich Talent Management, Bahn brechen.

7. Literaturverzeichnis

Berger, Lance A. & Berger, Dorothy R. (Ed)	The Talent Management Handbook, New York, 2004
Buckingham, Marcus	What Great Managers Do, Harvard Business Review, March 2005
Butler, Thimothy & Waldroop, James	Discovering Your Career in Business, Reading, 1997
Butler, Thimothy & Waldroop, James	Wie Unternehmen ihre besten Leute an sich binden, HARVARD BUSINESSmanager, 2/2000
Collins, Jim	Good to Great, New York, 2001
Hammer, Michael & Champy, James	Reengineering the Corporation, New York, 1994
Hildesheimer, Wolfgang	Lieblose Legenden, Frankfurt am Main, 1962
Kaye, Beverly & Jordan-Evans, Sharon	Love'em or Lose'em, San Francisco, 2002
Manzini, Andrew & Gridley, John D.	Integrating Human Resources and Strategic Business Planning, New York, 1987
Richards, Dick	The Art of Winning Commitment, New York, 2004
Rooke, David & Torbert, William R.	7 Transformations of Leadership, Harvard Business Review, April 2005
Schein, Edgar H.	Career Anchors, San Francisco, 1990
Sears, David	Successfull Talent Strategies, New York, 2003
Useem, Jerry	Jim Collins on Tough Calls, FORTUNE, June 27, 2005
Woodruf, Charles	Winning the Talent War, Chichester, 1999

BB
Management

ARBEITSHEFTE FÜHRUNGSPSYCHOLOGIE

Herausgegeben von

Prof. Dr. Ekkehard Crisand, Wilhelmsfeld, und
Prof. Dr. Gerhard Raab, Ludwigshafen

Band 58